普通高等教育"十三五"规划教材

Basic Mechanics
Experiment
Course

基础力学实验教程

主　编　何　凡　彭培火
副主编　郝　莉　石　萍　任艳荣

U0294184

人民交通出版社股份有限公司
China Communications Press Co.,Ltd.

内 容 提 要

本书按照基础力学实验的不同阶段编写,注重培养学生的实验动手能力和实验分析能力。全书分为六章:第一章为绪论;第二章为基础型实验;第三章为综合型实验;第四章为提高型实验;第五章为演示型实验;第六章为基本实验设备简介。附录列出了实验数据处理需要的部分知识点以及力学性能测试实验常用的标准。

本书面向高等院校基础力学多、中、少学时本、专科学生,可以作为基础力学课程(理论力学、材料力学、工程力学)的实验教材,也可作为"基础力学实验"独立设课的教材,还可供其他从事力学研究的人员使用和参考。

图书在版编目(CIP)数据

基础力学实验教程/何凡,彭培火主编. —北京:
人民交通出版社股份有限公司, 2018.11
  ISBN 978-7-114-15146-0

Ⅰ.①基… Ⅱ.①何…②彭… Ⅲ.①力学—实验—高等学校—教材 Ⅳ.①O3-33

中国版本图书馆 CIP 数据核字(2018)第 254078 号

Jichu Lixue Shiyan Jiaocheng
书　　名:**基础力学实验教程**
著 作 者:何　凡　彭培火
责任编辑:李　坤
责任校对:刘　芹
责任印制:张　凯
出版发行:人民交通出版社股份有限公司
地　　址:(100011)北京市朝阳区安定门外外馆斜街 3 号
网　　址:http://www.ccpcl.com.cn
销售电话:(010)59757973
总 经 销:人民交通出版社股份有限公司发行部
经　　销:各地新华书店
印　　刷:北京印匠彩色印刷有限公司
开　　本:787×1092　1/16
印　　张:10.25
字　　数:230 千
版　　次:2018 年 11 月　第 1 版
印　　次:2021 年 1 月　第 2 次印刷
书　　号:ISBN 978-7-114-15146-0
定　　价:30.00 元

(有印刷、装订质量问题的图书,由本公司负责调换)

前　言

　　基础力学(理论力学、材料力学、工程力学)作为高等院校大多数工科专业的工程技术基础课,在总体工程技术教育中具有非常重要的作用。它将学生的数理化基础知识向工程技术转变,帮助学生构建工程理论分析和实验分析的基本能力。基础力学实验在工程技术人才培养过程中的重要地位使其教材的建设必须紧跟形势,对于培养应用型人才的工科高校,基础力学实验教材应该体现出应用导向的功能。要使工科基础力学实验课程的教学内容规范化、系统化,首先应对教材的编排做出相应的调整。基础力学以理论分析为基础,充分培养学生理论与实际相结合的能力以及实验分析、动手能力,基础力学实验教材应该以此为中心进行改革。

　　随着教学改革的进一步深化,加上仪器设备的推陈出新,新实验的不断开发与完善,对基础力学实验教材的要求也随之提高。本书是结合编者所在学校(北京建筑大学)实际,根据北京建筑大学基础力学实验室近三十年的教学经验和基础力学实验室的近、远期发展规划而编写,以满足实验教学的要求,并希望对工科高校的基础力学教学改革起到一定的支持和促进作用。

　　本书由何凡、彭培火主编,由何凡负责统稿。本书内容和编写分工为:第一章绪论(何凡),第二章基础型实验(何凡、郝莉),第三章综合型实验(何凡、彭培火、石萍),第四章提高型实验(郝莉、石萍、任艳荣),第五章演示型实验(彭培火、郝莉、任艳荣),第六章基本实验设备简介(彭培火),附录(彭培火),基础力学实验报告(何凡、彭培火)。

　　为了满足教学实际需要,方便师生互动,本书的部分演示型实验可以通过扫描书中相应的二维码观看。

　　本书介绍的试验机、测量仪器等以北京建筑大学基础力学实验室所拥有的设备为基础。在本教材的编写过程中,参考了国内外公开出版的图书、会议资料、网上资料及兄弟院校的有关讲义,还得到了学校主管部门和人民交通出版社股份有限公司的大力支持,在此谨致以衷心的感谢。

　　限于编者学识水平,书中难免存在不妥之处,恳请读者批评指正。

编　者

2018 年 9 月

目　　录

第一章 绪 论

将基础力学的实验从原有的多数为验证型实验改革为:基础力学实验教学的三个阶梯。第一个阶梯是基础型实验,要求学生掌握基本实验技能、材料基本特性、仪器使用基本方法;在实验能力培养方面重点解决学生动手能力,以了解材料的力学性能为知识重点,培养学生掌握使用实验设备并独立完成实验的能力。第二个阶梯是综合型实验,在实验能力培养方面重点培养学生综合能力、将所学理论知识融会贯通的能力及独立工作的能力;以综合性理论分析与实验分析相结合为知识重点,培养学生掌握理论与实际相结合的实验分析能力。第三个阶梯是提高型实验,此阶段体现设计型、综合型、研究型实验及与工程实际紧密结合的特点,重点培养学生的综合实验和综合分析能力;以工程实际或模拟工程实际为背景,培养学生综合的工程分析能力。

针对上述实验教学目的和任务,基础力学实验教材应突出对学生实验动手能力和实验分析能力的培养。与理论力学、材料力学、工程力学理论教学教材分离,主要目的是使学生在本实验教材中重点掌握工程实验动手能力和实验分析能力。因此,本教材的编写原则为:

（1）首先介绍每个实验的内容和方法,目的是使学生做好实验前的准备工作。

（2）按照基础力学实验教学的三个阶梯编写。三个阶段分别是:基础实验阶段、综合实验阶段、提高实验阶段。同时,考虑到教学实际需要和实验仪器限制等因素,本教材也提供了演示型实验。

（3）在实验教学内容介绍的基础上,增加实验设备介绍,为学生独立完成实验提供一定量的参考资料。

第一节 力学实验的作用

理论力学、材料力学、工程力学三门基础力学课程在高等院校的工科教育中处于第一个工程技术教育的转变时期。作为工科教育的基础课程,主要承担着将数理化基础科学理论知识向工程应用转变的任务。在知识转变的同时,更为重要的是对工程分析能力和综合实验动手能力的培养。对于学生而言,物理课程中的实验是科学观测型实验,而从理论力学、材料力学、工程力学等基础力学课程开始进行的实验是工程型实验。基础力学的实验教学是工程型实验的开端。

实验在基础力学的教学中是必不可少的,它是能力培养的一个重要教学环节,同时也是能力培养的检验环节。它将理论教学中的基本概念和基本方法直接用于实验分析中,使学生在实验中激发学习的主动性,在自如应用理论知识的过程中激发探索研究的兴趣。它既培养学生的创新意识和创新能力,又培养学生的理论与实际相结合的动手分析能力。学生只有学会独立操作、独立实验的基本技能,才能独立完成提高性质的实验研究。如果没有实验,基础力学中的材料力学,它所涉及的三大问题——强度问题、刚度问题和稳定性问题便无从谈起。实验不仅是基础力学的基础,而且是检验基础力学理论正确性的手段。基础力学理论是建立在真实材料理想化、实际构件典型化、公式推导假设化基础之上的,它是否正确、是否能在工程实际中应用,只有通过实验验证才能断定。此外,工程实际中构件的几何形状和承受的载荷都十分复杂,构件中的应力单纯靠理论计算难以得到正确的数据,因此,必须借助实验应力分析手段才能解决。同时,基础力学实验的作用还体现在以下方面。

1. 培养和提高学生基本的科学实验能力

(1)自学能力:通过自行阅读实验教材和其他资料,能正确概括出实验内容、方法和要求,做好实验前的准备。

(2)动手能力:借助教材、讲义和仪器说明书,正确调整和使用仪器;安排实验操作顺序,把握主要实验技能,排除实验故障;掌握常规力学实验仪器的使用,掌握科学实验的数据处理方法和科学实验报告的写作方法,为进一步学习和从事科学实验研究打下坚实的基础。

(3)分析能力:运用所学力学知识,对实验现象和结果进行观察、判断并分析,得出结论。

(4)表达能力:正确记录和处理实验数据,绘制图表,正确表达实验结果,撰写合格的实验报告。

2. 培养和提高学生科学实验素养

要求学生养成理论联系实际和实事求是的科学作风,严肃认真的工作态度,主动研究的探索精神和创新意识,遵守纪律、操作规程及爱护公共财物的良好习惯,团结协作的团队精神。

第二节　力学实验的内容

基础力学实验一般包括以下几个方面的内容。

1. 测定材料的力学性能

基础力学只能计算出在外载荷作用下构件内应力的大小,为了建立强度条件必须了解材料的强度、韧度和硬度等力学性能。这些性能只能通过基本力学性能指标的测定及分析得到。另外,通过拉伸、压缩、弯曲、冲击、疲劳等实验,可以测定材料的弹性模量、强度极限、冲击韧性及疲劳极限等力学参数,这些参数是设计构件的基本依据。通过力学参数的测定、变形过程及破坏现象的观察和断口的分析,便可以了解材料的力学性能,掌握力学性能测试的基本方法。

2. 验证理论公式

基础力学中的许多公式都是在简化和假设(平面假设、材料均匀假设、弹性和各向同性假设)的基础上推导出来的,例如弹性杆件的弯曲理论就是以平面假设为基础推导出来的。用实验验证这些理论的正确性和适用范围,有助于加深对理论的认识和理解。通过这类实验的学习,学生应对所学的理论知识有一个真实的、完整的认识,尤其可以通过理论解与实测结果的比较,对理论的适用范围及精确度建立一个正确的概念。

本书中这方面的实验内容包括:矩形截面梁纯弯曲正应力测定实验、薄壁圆管在弯扭组合变形下的主应力测定实验、压杆稳定实验等。

3. 实验应力分析

工程中很多实际构件的受力情况,无法用基础力学公式进行计算。近年来虽然可以用有限元等数值方法计算,但还是需要简化模型。同时有限元计算结果的精确性,也需要通过实验应力分析加以验证。此外,零件设计中的应力集中系数的确定,机器和建筑结构中的应力实测等,均需要靠实验应力分析的方法来实现。电测法和光测法都属于实验应力分析方法。

第三节 力学实验的特点和须知

实验课不同于课堂上的理论教学。实验课上,学生面对陌生的仪器设备,必须在有限的时间内动手操作,给试样加载,同时观测其变形,获取实验数据,最后提交实验结果,这一切离开实验条件就无法进行。因此,为了使实验课达到预期的目的,参加实验的学生应按以下三个阶段进行。

1. 实验课前的准备工作

实验课前,应当认真阅读理论教学教材中的相关内容,复习有关的理论知识。同时,认真预习实验教材,明确实验目的,弄清实验原理及方法,了解有关仪器、设备的基本原理与使用方法,准备好实验数据记录表格并确定测试方案。

参加实验的学生应严格遵守操作规程和实验室的规章制度,听从实验室指导教师的指挥和安排。实验小组的成员,应分工明确,相互配合,在小组长的统一组织下完成实验。

2. 实验课中的主要工作

实验课中的主要工作是载荷的施加和应变或变形的测量。

(1)载荷的施加

通常用材料实验机加载或螺旋机构加力方式加载。所谓加载,就是利用一定的动力和传动装置强迫试样产生变形,使试样受到力的作用。为了消除试样和加持器之间的间隙,必须加初载荷。加载方法分为一次加载法(从初载荷一次加到终载荷)和逐级加载法(从初载荷到终载荷分成几个等级进行加载),要求学生了解加载原理。

(2)变形或应变的测量

基础力学实验测量的变形,绝大多数是小变形,因此,要求测量仪器具有灵敏度高、稳定性好的特点。要求学生熟悉千分表、电子引伸计、电阻应变仪等实验仪器的原理及其使用方法。

在实验过程中,小组成员应有明确分工,相互协调一致才能得到较好的实验结果。现在大多数实验设备都用计算机控制,因此要注意根据图形随时记录一些相关数据,并保存自己的图形和数据,严禁删除别人的文件或重叠别人的文件名。

3. 实验课后的工作

实验课后的主要工作是撰写实验报告。实验报告是实验的全面总结，也是培养学生综合表达能力、分析能力的具体体现，必须认真做好。报告内容要全面、真实，字迹工整，图文并茂。实验数据及数据处理要表格化。

实验报告应包括以下内容：

(1)实验名称、实验日期、实验者和同组成员的姓名、实验时的温度及其他条件。

(2)实验目的、实验装置简图。

(3)使用的设备、仪器应注明名称、型号、编号、最小刻度(或放大倍数)，其他用具也应写清楚。

(4)实验数据及其结果处理：实验数据应记录在按实验要求而制备的表格里。表格要项目醒目，整齐清楚，使全部测量结果的变化情况和它们的单位及准确度一目了然。测量数据要按所使用的量具或仪器的最小刻度来读取。例如电子数显卡尺，记录数据为 9.96mm、10.01mm、5.28mm，都表示测量工具所能达到的准确度。在多次测量同一物理量时，每次所得的结果并不完全相同。这是因为机器、仪器、量具本身的示值有一定的误差，加之实验时客观因素复杂，不可避免地会产生误差。由统计理论可知，多次测量同一物理量时，所得各次测量数据的算术平均值为最优值，最接近真值，故在基础力学实验中，常以此法测量某一物理量。

(5)计算：在计算中所用到的公式应在报告中明确列出，并注明各种符号所代表的物理意义。计算结果，工程上一般要求三位有效数字。例如截面面积 $A = 1.14\text{mm} \times 5.12\text{mm}$ 的计算结果，不必写成 $A = 5.8368\text{mm}^2$，写成 $A = 5.84\text{mm}^2$ 即可。

(6)实验结果的表示：实验结果一般采用列表或图线来表示。图线要绘在坐标纸上，图中注明坐标轴所代表的物理量和比例尺。实验点可用不同的记号表示，如"·""Δ""×"等。实验曲线应根据多数点的位置描成光滑的曲线，不应用直线逐点连成折线。图1-1a)所示为正确描法，而图1-1b)所示为不正确描法。

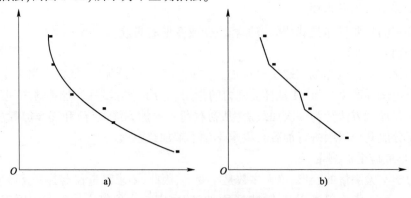

图 1-1　实验曲线绘制

(7)结果分析：对本实验所得结果进行分析，应指明实验结果能说明什么问题，有何优缺点，分析实验中出现的问题，并对结果进行误差分析，回答指定的问题。同时对本实验中有关技术问题进行讨论，也可以写下自己的心得体会或对本实验的改进意见。这一部分是总结收获的内容，应重视做好。

　　为了保证实验教学的质量,培养学生独立地进行科学实验的能力,并养成文明的实验作风,要求学生必须做到以下几个方面:

　　(1)实验课前,必须认真预习,了解本次实验的目的、内容和步骤,并了解所使用的机器和仪器的基本原理;写出预习报告;在实验课前,由实验指导教师检查预习情况,并作适当抽查、提问。

　　(2)按预约时间准时进入实验室,并签到;凡无故迟到者,指导教师有权停止其实验,在情况允许的前提下安排补做实验,同时实验成绩扣分;进入实验室后,应严格遵守实验课堂纪律和实验室的一切规章制度,注意保持安静和室内整洁,不准乱动室内与本次实验无关的机器、仪器、工具和其他实验设施。

　　(3)做实验时,应严格遵守操作规程,切实注意实验设备和人身安全;违反操作规程或不听从实验教师的指导,从而造成实验设备损坏的,应由教师、班组长查清责任,会同损坏人填写损坏单,按学校的相关制度处理,并赔偿;当发现实验设备出现故障或异常现象时,应立即停止操作,关闭电源,并报告指导教师,不得擅自处理。

　　(4)实验过程中,实验小组每个成员要分工明确,密切配合,协调一致,认真操作,仔细观察实验现象,如实记录实验数据,主动锻炼自己独立动手实验和分析问题的能力。

　　(5)实验结束时,应立即将实验设备、仪器、仪表、工具等进行清理,并复原,将实验场地整理干净;还应及时将实验数据交实验指导教师审阅,经指导教师审定,并签字后,方可离开实验室。

　　(6)课外应及时独立地撰写实验报告,并按规定时间交送实验报告。实验报告的书写,要求字迹工整、清晰,问题回答简明扼要,独立完成,不得抄袭。

第二章　基础型实验

第一节　摩擦因数的测定实验

一、实验目的

(1)了解并掌握静滑动摩擦因数、动滑动摩擦因数和摩擦角的测试方法。

(2)自行推导静滑动摩擦因数、动滑动摩擦因数的计算公式。

(3)观察自锁现象,理解摩擦角、摩擦锥的概念。

(4)熟悉测试仪器的使用,培养学生的动手能力。

二、实验仪器和设备

(1)FC—Ⅱ型摩擦因数测试仪。

(2)MCT—1(P)微机多功能测试仪。

(3)剪刀、扳手、螺钉旋具等。

(4)不同材料的滑动试块。

(5)若干布料。

三、实验原理

1. 测量摩擦角及静滑动摩擦因数

在静摩擦中出现的摩擦力称为静摩擦力。当切向外力逐渐增大但两物体仍保持相对静止时,静摩擦力随着切向外力的增大而增大,但静摩擦力的增大只能到达某一最大值。当切向外力大于这个最大值时,两物体将由相对静止进入相对滑动。静摩擦力的这个最大值称为"最大静摩擦力"。

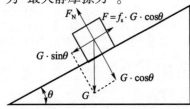

图2-1　斜面上滑块的受力图

如图 2-1 所示,金属滑块位于斜面之上。缓慢增加斜面的倾角,观察金属滑块的运动。当滑块刚开始沿斜面滑动时,测出并记下该时刻斜面的倾角 θ。使金属滑块保持不滑动的最大倾角即为摩擦角。重复测量多次,记录摩擦角并求平均值。自行推导静滑动摩擦因数的公式并进行计算。

2. 测量动滑动摩擦因数

滑块在斜面上不能平衡时,就会发生因重力作用而沿斜面滑下的运动现象。工程上需要表述不同材料之间的动滑动摩擦作用的大小,采用动滑动摩擦因数 f_d 表示,它的定义如下:

$$f_{\mathrm{d}} = \frac{F}{F_{\mathrm{N}}} \tag{2-1}$$

式中:F——动滑动摩擦力;

　　F_{N}——正压力。

当滑块从有一定倾角的斜面上往下滑时,除了重力沿斜面的分力外,还有与滑块运动方向相反的摩擦力的作用。不同的倾角,滑块受到不同的摩擦力,滑块从斜面上滑下的加速度就不同。摩擦因数测试装置示意图如图 2-2 所示。根据滑块经过上下两个光电门时的速度和经过两光电门之间距离所需的时间,便可以求得滑块滑动过程的平均加速度,进而求得两种材料间的动滑动摩擦因数。自行推导计算动滑动摩擦因数的公式,并进行实验,记录数据,计算结果。

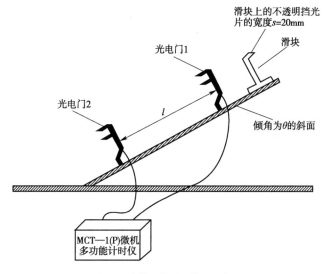

图 2-2　摩擦因数测试装置示意图

四、实验方法和步骤

(1)阅读本系统的使用说明书和实验指导书,了解摩擦因数测试实验的具体内容,熟悉仪器操作规程,并留意有关注意事项。

(2)检查斜面斜面的转动轴的水平状况。如不水平,则按使用说明书进行调整。

(3)检查一下滑块是否能顺利通过光电传感器,否则应适当调整光电门的高度。

(4)调整斜面至适当倾角(一般 20°~30°),使滑块能顺利下滑,并检查缓冲块是否完好。

(5)接通 MCT—1(P) 型微机多功能计时仪的电源,并通过功能键"FUNCTION"将其设置于测量加速度"A"状态。

(6)通过"CHANGE-OVER"键选择适当的显示参数(学生实验时,建议使用时间单位)。

(7)正式开始实验:将滑块置于斜面的高端,松开手让其在重力的作用下自由滑行并先后通过两个光电门(注意:手不要跟随着滑块推行)。

(8)滑块滑行经过两个光电门后,计时仪会循环显示三个时间测量值 T_1、T_2、T_3,将测试数据记录在实验报告相应的表格内。其中 T_1 为滑块经过光电门 1 时的挡光时间,即通过路

程 s(挡光片的宽度)的时间,T_2 为滑块从开始挡住光电门 1 到开始挡住光电门 2 之间的时间,T_3 为滑块经过光电门 2 时的挡光时间。

(9)再按(且仅按)一次"FUNCTION"键,可进行第 2 次实验。重复步骤(7)和(8),共测量 3 次。

(10)重新变换斜面的倾角,重复步骤(7)~(9)。

(11)经测试得到上述各个时间数据后,代入动滑动摩擦因数的计算公式(需要在实验报告中自行推导),计算后可得到动滑动摩擦因数。

(12)测试静摩擦因数时,首先调整斜面倾角至 10°左右,然后缓慢增加斜面倾角至滑块刚刚开始滑动,此时的斜面倾角即为摩擦角。重复测量 3~6 次,将测试数据记录在实验报告相应的表格内。

(13)自行推导摩擦因数的计算公式,并根据实验数据结果进行计算。

五、实验结果的处理

根据时间测量值 T_1、T_2、T_3 以及挡光片的宽度 s,计算滑块的加速度:

$$T_4 = T_2 + \frac{1}{2}(T_3 - T_1) \tag{2-2}$$

$$a = \frac{(T_1 - T_3)S}{T_1 T_3 T_4} \tag{2-3}$$

由牛顿第二定律,可以推导出动滑动摩擦因数与滑块加速度之间的关系:

$$f_d = \tan\theta - \frac{a}{g\cos\theta} \tag{2-4}$$

选取三种不同倾角时的情况进行实验,每种倾角分别测量 3 次,根据动滑动摩擦因数的公式计算实验结果。将实验测得的数据整理成表格,去掉不合理数据,然后求取平均值,计算最终的动滑动摩擦因数。

摩擦角需重复测量 3~6 次,根据以下公式计算静滑动摩擦因数的实验结果:

$$f_s = \tan\varphi_f \tag{2-5}$$

式中:φ_f——摩擦角。

六、注意事项

(1)如果斜面的转动轴不水平,调整其水平状况时需要抬起并转动斜面,应注意安全。

(2)在正常测试时,斜面倾角不宜过大,一般情况下,以小于 30°为宜。

(3)数显倾角仪,有自动关机功能。当不需测量倾角时,无须打开。

(4)调整斜面倾角时,万一遇到升降丝杆不动的情况,不要长时间按住"上""下"键,以免损坏电机。出现这种情况时,应立即报告老师,进行故障排除。

(5)实验前,应检查滑块上挡光片的高度是否合适,保证其能正常通过光电门。滑块在滑行时,千万不能与光电门相碰。

(6)每次实验前,应检查斜面底端的缓冲块是否完好。

(7)由于动滑动摩擦有随机性,理论上按泊松分布,所以需对多次测试的结果进行整理,把不合理的去掉,再进行平均。

第二节　单自由度系统振动测试实验

一、实验目的

（1）了解单自由度系统自由衰减振动的有关概念。

（2）理解并掌握测试单自由度系统刚度、固有频率的方法。

（3）测试单自由度系统的衰减振动频率，并与系统固有频率进行比较。

（4）测试系统自由衰减振动的衰减系数。

（5）理解并掌握用衰减振动法测试单自由度系统阻尼系数、阻尼比的方法。

二、实验仪器和设备

（1）单自由度系统振动实验台。

（2）米尺。

（3）砝码盘、不同规格的砝码组。

（4）水平仪、秒表等。

三、实验原理

1. 测量单自由度系统刚度、固有频率

单自由度系统振动实验装置如图 2-3 所示。当系统只沿上下做单自由度振动时，若不考虑阻尼，振动系统的运动微分方程式为：

$$m\frac{\mathrm{d}^2 x}{\mathrm{d}t^2} + kx = 0 \tag{2-6}$$

式中：m——振子质量；

　　　k——系统刚度。

方程（2-6）的通解为：

$$x = A_0 \sin(\omega_n t + \varphi_0)$$

式中：A_0——振幅；

　　　φ_0——初相位，由初始条件决定；

　　　ω_n——系统无阻尼自由振动的固有圆频率，$\omega_n = \sqrt{\dfrac{k}{m}}$。

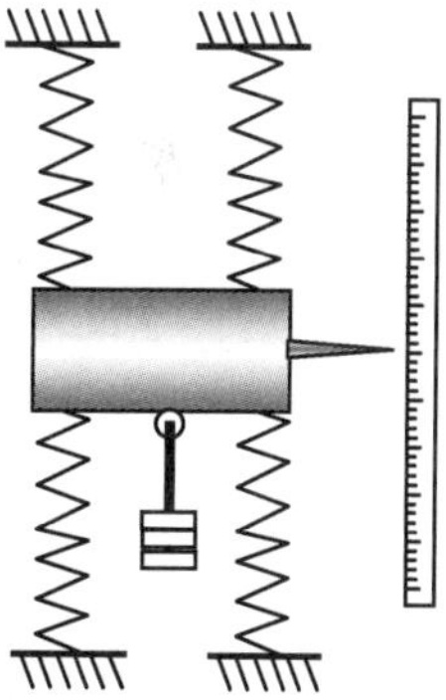

图 2-3　单自由度系统振动实验装置

已知振子质量为 $m = 0.138\text{kg}$，只要测量出系统的刚度，即可计算出系统的固有频率。将砝码盘挂在振动系统底部中间的小孔上（图 2-3），待系统静止后，测量弹簧系统的变形，即可计算此系统上下单自由度振动的刚度。分多次用不同质量的砝码进行测量，记录实验数据，计算系统刚度并求平均值。

2. 测试单自由度系统的衰减振动频率、衰减系数、阻尼系数和阻尼比

单自由度系统的阻尼计算，在结构和测振仪器的分析中是很重要的。当给振动系统一个竖向的初始速度，则系统在弹簧恢复力和阻尼的作用下，会发生衰减振动，若阻尼力与速

度成正比,比例系数为 c,则系统的运动微分方程式为:

$$m\frac{d^2x}{dt^2} + c\frac{dx}{dt} + kx = 0 \tag{2-7}$$

或

$$\frac{d^2x}{dt^2} + 2n\frac{dx}{dt} + \omega_n{}^2x = 0 \tag{2-8}$$

$$\frac{d^2x}{dt^2} + 2\xi\omega_n\frac{dx}{dt} + w_n{}^2x = 0 \tag{2-9}$$

式中:n ——阻尼系数,$n = \dfrac{c}{2m}$;

　　　ξ ——阻尼比,$\xi = \dfrac{n}{\omega_n}$。

对于阻尼很小的自由振动,上述振动微分方程的通解为:

$$x = Ae^{-nt}\sin(\omega_d t + \varphi) \tag{2-10}$$

式中:Ae^{-nt} ——衰减振动的振幅;

　　　φ ——初相位;

　　　ω_d ——衰减振动圆频率,$\omega_d = \sqrt{\omega_n{}^2 - n^2} = \omega_n\sqrt{1 - \xi^2}$。

于是,衰减振动的周期为:

$$T_d = \frac{2\pi}{\omega_d} = \frac{2\pi}{\omega_n\sqrt{1 - \xi^2}} \tag{2-11}$$

由此可得阻尼比为:

$$\xi = \sqrt{1 - (\frac{2\pi}{\omega_n T_d})^2} \tag{2-12}$$

根据已经测出的系统无阻尼自由振动的固有圆频率 ω_n,只需测量衰减振动的周期 T_d,即可计算系统的阻尼比 ξ。

衰减振动的振幅按几何级数衰减,衰减系数 η 定义为任意两个相邻振幅之比,即:

$$\eta = \frac{A_i}{A_{i+1}} = e^{nT_d} \tag{2-13}$$

利用已测出的衰减系数 η 值和衰减振动的周期 T_d,即可计算阻尼系数 n:

$$n = \frac{\ln\eta}{T_d} \tag{2-14}$$

为提高测量精度,也可以用相隔 i 个周期的振幅之比来计算衰减系数 η:

$$\ln\frac{A_1}{A_{i+1}} = \ln\frac{A_1 A_2\cdots A_i}{A_2 A_3\cdots A_{i+1}} = \ln\frac{A_1}{A_2} + \ln\frac{A_2}{A_3} + \cdots + \ln\frac{A_i}{A_{i+1}} = i\cdot\ln\eta \tag{2-15}$$

$$\eta = e^{\frac{1}{i}\ln\frac{A_1}{A_{i+1}}} \tag{2-16}$$

将上述测量数据(衰减振动的周期 T_d,各个周期的振幅 A_i)整理成表格,记录在实验报告上,并计算最终实验结果。

四、实验方法和步骤

(1)阅读本次实验装置的使用说明书和实验指导书,了解单自由度系统振动测试实验的具体内容,熟悉仪器操作规程,并留意有关注意事项。

(2)检查单自由度系统振动实验装置的状况,清点实验配件的种类及数量。

(3)应用逐级等增量加载的方法,分多次用不同质量的砝码施加载荷,测量弹簧系统的挂重与变形之间的关系。

(4)将实验数据记录在实验报告相应的表格内,并计算此单自由度系统的刚度和固有频率。

(5)给系统施加初始变形(注意弹簧振子应保持水平),让其在弹簧恢复力和阻尼的作用下自由振动。

(6)测量第1个周期的振幅,以及第20个周期的振幅,将数据记录在实验报告相应的表格内。

(7)同时测量20个周期的总时长并记录,计算衰减振动周期。

(8)按照相应公式计算衰减振动频率 f_d 、衰减系数 η 、阻尼系数 n 和阻尼比 ξ 。

(9)绘制系统的衰减振动曲线。

(10)将实验仪器恢复至初始状态,重复步骤(5)~(9),重复测量5次。

(11)检查实验数据的可靠性,若出现操作失误导致实验数据明显错误,应重新进行实验。

(12)关闭所有仪器设备的电源,收拾整理好实验台,实验结束。

五、实验结果的处理

砝码挂重按 $\Delta W = 0.98N$ 的等增量施加,通过测量系统的变形即可计算系统的刚度:

$$k = \frac{\Delta W}{\Delta l} \tag{2-17}$$

已知振子质量为 $m = 0.138\text{kg}$,通过测量系统的刚度,即可计算出系统的固有频率:

$$f_n = \frac{\omega_n}{2\pi} = \frac{1}{2\pi}\sqrt{\frac{k}{m}} \tag{2-18}$$

测量出相隔 n 个周期的振幅比(例如第1个周期与第20个周期的振幅之比),以及衰减振动周期,即可按照公式(2-19)计算衰减振动频率:

$$f_d = \frac{1}{T_d} \tag{2-19}$$

同时按照式(2-12)、式(2-14)、式(2-16)计算阻尼比、阻尼系数和衰减系数。

将相关实验数据、计算过程整理成表格,记录在实验报告上。

六、注意事项

(1)认真阅读实验指导书,了解实验过程中的注意事项。

(2)保持实验室良好的秩序,严禁吵闹,不得进行与本实验无关的操作。

(3)实验前,应通过调节弹簧固定端的螺栓使系统保持水平。

(4)施加初始条件使弹簧系统振动时,一定要注意保持振子水平,避免左右晃动或扭摆,确保在系统做自由衰减振动的过程中,只沿着竖直方向上下振动。

(5)读数时眼睛应平视,以尽量减小读数误差。

第三节　重心测试实验

一、实验目的

（1）掌握用悬吊法测量不规则物体重心的方法。

（2）掌握用称重法求不规则物体重心的方法，并会用合力矩定理计算其重心位置。

（3）会运用形心计算公式，并验证均质物体的重心与形心的位置关系。

（4）通过实验加深对合力、合力矩定理、重心、形心等基本概念的理解。

二、实验仪器和设备

（1）普通电子台秤。

（2）不规则物体 1 组（各种型钢组合体、连杆等）。

（3）悬吊架。

（4）水平仪。

（5）铅笔，尺子，柔软细绳等。

（6）若干不同尺寸的积木块。

三、实验原理

1. 悬吊法

物体的重心位置是固定不变的，根据柔索类约束的约束力特点以及二力平衡原理，可以用悬吊法测量不规则物体的重心位置。

当不规则物体用柔软细绳悬挂起来并处于静止状态时（图 2-4），则该不规则物体所受合外力为零。又因为该物体只受重力和细绳的拉力，满足二力平衡的条件。由柔索类约束的约束力特点，物体所受拉力的方向沿柔软细绳竖直向上，所以其所受重力与拉力方向相反，且在同一条直线上。重心是不规则物体各个部分所受重力的合力作用点，所以该物体的重心一定在细绳的延长线上［图 2-4a)］，即细绳的延长线就是重力的作用线。

再另选一个悬挂点（如选图 2-4 中的 B 点，悬挂点尽量选在边缘的地方）悬吊该不规则物体，物体会以另一种不同的姿态保持平衡。同样的道理，重心也一定在此时细绳的延长线上［图 2-4b)］，这样又可以确定另一条重力作用线。

通过两种不同悬吊状态下的重力作用线，便可以确定此不规则物体的重心位置（即两条细绳的延长线的交点 C 点就是重心）。

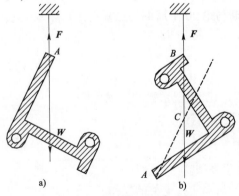

图 2-4　悬吊法测量物体的重心

2. 称重法

利用平面一般力系的平衡条件及合力矩定理，用称重法测量不规则物体（图 2-5 所示的连杆模型）的重心位置。

测量装置简图如图2-6所示,实验时尽量保证被测试不规则物体保持水平,连杆两端的圆心、积木块及台秤中心的连线尽量保持铅锤方向,使竖向作用力 F_1、F_2 尽量通过连杆两头的圆心。连杆不要放置在积木块的边缘上,以保证测量的准确性。

如图2-6所示,测量一次之后,记录台秤的读数,减去台秤上的所有积木块的重量,即 F_2 的大小。然后将连杆直径不同的两端(俗称大小头)位置交换,重新调整积木块的位置,连杆重新调水平,进行测量并记录 F_1 的大小。

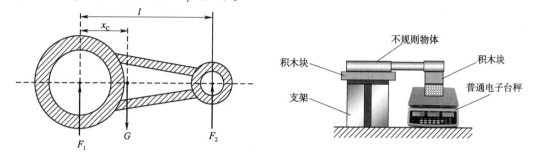

图 2-5　连杆模型　　　　　　　图 2-6　称重法测量物体的重心

测量连杆两头的圆心之间的距离 l,自行推导重心位置的计算公式,即可得出重心与连杆直径较大端之间的距离 x_C。

四、实验方法和步骤

(1)阅读实验指导书,了解重心测试实验的具体内容,熟悉仪器操作规程,并留意有关注意事项。

(2)检查实验桌上测量仪器、零配件是否齐全。如缺少任何零配件,立即向老师报告。

(3)取出不规则型钢组合试件,将其轮廓绘制在白纸上。

(4)选取一个悬挂点,用细绳将其悬吊在实验台架上,尽量使试件保持静止状态。

(5)将画在白纸上的试件轮廓与实物重叠,用铅笔和直尺沿细绳铅垂线在白纸上画两个点,将两点用直线连接并延长,即为此状态的一条重力作用线。

(6)重新选取另一个悬挂点,重复步骤(4)和(5),便可确定另一条重力作用线。

(7)两条重力作用线的交点即为该不规则型钢组合试件的重心。

(8)调整积木块及台秤的位置及高度,将连杆模型放置在上面,然后用水平仪使连杆尽量保持水平。

(9)读取台秤的读数并记录在实验报告相应的表格内。取下连杆后测量并记录放置在台秤上的积木块重量。

(10)将连杆直径不同的两端交换,重新调整实验装置(调整积木块的数量、高度,用水平仪尽量使连杆保持水平,连杆两端的圆心与积木块中心、台秤中心的连线尽量在一条直线上并保持铅锤方向)。

(11)再次读取此时台秤的读数,并记录在实验报告相应的表格内。取下连杆,继续测量放置在台秤上的积木块重量并记录在实验报告上。

(12)测量连杆两端的圆心之间的距离 l。

(13)经测试得到上述各个数据后,代入重心位置的计算公式(需要在实验报告中自行推导),即可计算得到重心与连杆直径较大端之间的距离 x_C。

(14)测量均质型钢板组合体的有关尺寸,用形心计算公式 $x_C = \dfrac{\sum A_i x_i}{\sum A_i}$ 求出其形心坐标,并与前面悬吊法的实验结果进行比较。

五、实验结果的处理

1.悬吊法

在实验报告上绘制试件轮廓以及两次重力作用线,交点即为重心。

2.称重法

(1)按实验报告表格记录数据。

(2)由合力矩定理可以推导出连杆的重心计算公式:

$$x_C = \frac{F_2 \cdot l}{G} \tag{2-20}$$

$$l - x_C = \frac{F_1 \cdot l}{G} \tag{2-21}$$

(3)按下式计算连杆的重量 G:

$$G = F_1 + F_2 \tag{2-22}$$

六、注意事项

(1)悬吊法测量物体重心时,注意不规则型钢组合体应保持试件平面铅垂,且要处于静止状态才能画重力作用线。

(2)称重法测量物体的重心时,应尽量保持连杆模型水平,且连杆两端的圆心、积木块中心及台秤中心的连线尽量在一条直线上并保持铅垂方向。

第四节　转动惯量测试实验

一、实验目的

(1)掌握用三线摆测量物体的转动惯量的方法。

(2)会用等效理论方法测试和求取非均质复杂物体的转动惯量。

(3)了解并掌握用累积放大法测量周期运动的周期。

(4)验证圆盘绕通过质心轴的转动惯量的理论公式。

(5)验证转动惯量的平行轴定理。

二、实验仪器和设备

(1)三线摆转动惯量测试台。

(2)水准仪。

(3)游标卡尺,米尺,秒表等。

(4)圆环,圆柱体。

(5)非均质不规则复杂物体(如汽车发动机的摇臂模型)。

三、实验原理

1. 测量圆盘绕中心轴的转动惯量 I_0

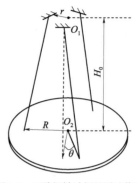

图 2-7 是三线摆转动惯量测试台的示意图。圆盘处于水平位置，上端和下端的悬挂点都呈等边三角形分布，上端三个悬挂点所在的平面也处于水平位置。三个对称分布的等长细线将圆盘悬挂在实验台架上，圆盘可绕中心轴 O_1O_2 作扭摆运动。当圆盘的转动角很小（最大转动角 θ 不大于 $5°$），且不考虑空气阻力时，圆盘的扭摆运动可以近似地看作简谐运动。根据能量守恒定律或刚体的转动定律均可以推导出物体绕中心轴 O_1O_2 的转动惯量计算公式（要求学生自行在实验报告上写出推导过程）：

图 2-7　三线摆转动惯量测试装置

$$I_0 = \frac{m_0 g R r}{4\pi^2 H_0} T_0{}^2 \tag{2-23}$$

式中：m_0——圆盘的质量；

　　R——下悬挂点离圆盘中心的距离；

　　r——上悬挂点离中心 O_1 的距离；

　　H_0——平衡时上悬挂点中心 O_1 到圆盘的垂直距离（即 O_1O_2 的长度）；

　　T_0——圆盘作简谐运动的周期；

　　g——重力加速度。

因此，通过对公式（2-23）中的长度、质量和扭摆周期的测量，便可以求出圆盘绕中心轴的转动惯量。同时，与圆盘绕通过质心轴的转动惯量的理论公式（$I_0 = \frac{1}{2}m_0 R_0{}^2$，其中 R_0 为圆盘的半径）计算结果进行比较，验证理论公式的正确性。

2. 用等效理论方法测试复杂物体的转动惯量

如图 2-8a）所示，在圆盘上放置两个有强磁铁吸住的铁制圆柱体，这两个圆柱体的质量之和与图 2-8b）中的非均质不规则物体（如汽车发动机的摇臂模型）的质量相同。可以证明（请学生自行证明）：若两种情况下圆盘微幅扭摆的周期相同，圆盘上的质量也相同，则不规则物体绕 O_1O_2 轴的转动惯量与两个圆柱体绕 O_1O_2 轴的转动惯量相等。

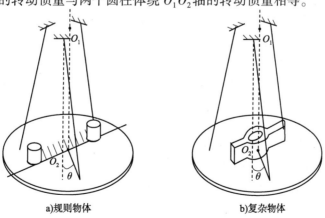

a）规则物体　　　　　　　　　　b）复杂物体

图 2-8　等效理论方法测试复杂物体的转动惯量

首先将两圆柱体之间的距离设置较大(例如等于圆盘的直径),然后测量圆盘系统扭摆振动的周期。由于圆柱体是规则物体,且圆柱体离 O_1O_2 转动轴的距离已知,可以应用平行轴定理计算出两个圆柱体的转动惯量。逐步减小两个圆柱体之间的距离,测量圆盘系统扭摆振动的相应周期,同时计算对应的转动惯量。直到圆柱体的间距接近为零。根据这样一连串振动周期对应的一连串转动惯量值,运用插值法就可以建立转动惯量与振动周期之间的函数关系。最后测量不规则物体在圆盘上的扭摆振动的周期,由刚刚建立的转动惯量与振动周期之间的函数关系就可以得到不规则物体的转动惯量。

3. 验证平行轴定理

将质量均为 m',形状和质量分布完全相同的两个小圆柱体对称地放置在圆盘上。测量两个小圆柱和圆盘绕中心轴 O_1O_2 的转动周期 T_x,则可以求出单个小圆柱体对 O_1O_2 轴的转动惯量:

$$I_x = \frac{1}{2}\left[\frac{(m_0 + 2m')gRr}{4\pi^2 H_0}T_x^2 - I_0\right] \tag{2-24}$$

测量小圆柱中心与圆盘中心之间的距离 x 以及小圆柱体的半径 R_x,则由平行轴定理可以计算出单个小圆柱体的转动惯量的理论值为:

$$I'_x = \frac{1}{2}m'R_x^2 + m'x^2 \tag{2-25}$$

比较 I'_x, I_x 的大小是否相等,可以验证平行轴定理。

四、实验方法和步骤

(1)阅读本实验装置的使用说明书和实验指导书,了解转动惯量测试实验的具体内容,熟悉仪器操作规程,并留意有关注意事项。

(2)将水准仪分别置于实验台底座与圆盘,调节底座及圆盘水平。若水准仪的气泡居中,则这时底座(或圆盘)水平。如不水平,则按使用说明书进行调整。

(3)测量上面三个悬挂点之间的距离,计算上悬挂点到中心的距离 r;同样,测量圆盘上悬挂点到圆心的距离 R。

(4)用米尺测量系统静止时上悬挂点到圆盘之间的垂直距离 H_0。

(5)轻轻微幅转动圆盘,扭摆幅度应控制在 5° 以内,且尽量保持圆盘水平,避免晃动。用累积放大法测出扭摆运动 20 个周期的总时间,将数据记录在实验报告相应表格内。计算圆盘绕中心轴 O_1O_2 转动的运动周期 T_0。

(6)根据物体绕中心轴 O_1O_2 的转动惯量计算公式(要求学生自行在实验报告上推导)处理实验数据。同时,将实验结果与圆盘绕通过质心轴的转动惯量的理论公式($I_0 = \frac{1}{2}m_0R_0^2$,其中 R_0 为圆盘的半径)计算结果进行比较,验证理论公式的正确性。

(7)在三线摆圆盘上放置不规则物体(如汽车发动机的摇臂模型),轻轻微幅转动圆盘,然后用秒表测量 20 个周期的总时间,并将数据记录在实验报告相应的表格内。

(8)在三线摆圆盘上放置两个带强磁铁的圆柱体(两个圆柱体质量之和与不规则物体质量相等),初时将两个圆柱体之间的中心距离设置得较大,轻轻微幅转动圆盘,测量 20 个周期的时长,将数据记录在实验报告上。

（9）逐渐减小两个圆柱体之间的距离,并测量对应的扭摆周期。直到周期的变化跨越不规则物体扭摆振动的周期。记录所有数据,绘制转动惯量与振动周期之间的函数关系。

（10）运用插值法计算不规则物体的转动惯量。

（11）根据公式(2-24)、(2-25),以及步骤(8)、(9)测出的两个小圆柱体(对称放置)与圆盘共同扭摆转动的周期 T_x 等数据,验证平行轴定理。

五、实验结果的处理

已知圆盘的直径 $D = 100\text{mm}$,圆盘厚度 $t = 5.3\text{mm}$,材料密度 $\rho = 7.8 \times 10^3 \text{kg/m}^3$,下悬挂点到圆盘中心的距离 $R = 38\text{mm}$,根据公式(2-23)计算圆盘的转动惯量。同时,与圆盘绕通过质心轴的转动惯量的理论公式($I_0 = \frac{1}{2} m_0 R_0^{\ 2}$,其中 R_0 为圆盘的半径)计算结果进行比较,验证理论公式的正确性。

已知铁制小圆柱体直径 $d = 18\text{mm}$,高 $h = 20\text{mm}$,材料密度 $\rho = 7.8 \times 10^3 \text{kg/m}^3$,利用平行轴定理计算两个小圆柱体对中心轴的转动惯量 I_i,即:

$$I_i = 2\left[\frac{1}{2} m \left(\frac{d}{2} \right)^2 + m \left(\frac{s_i}{2} \right)^2 \right] \tag{2-26}$$

式中: m ——铁制小圆柱体的质量;

s_i ——两个小圆柱体中心之间的距离。

如果想要通过逐渐调整两个小圆柱体之间的距离,从而达到其周期与不规则物体扭摆的周期完全相同,是非常难操作的。最好的方法是以扭摆周期为横坐标,以转动惯量为纵坐标,通过插值法或最小二乘法将实测数据点拟合得到转动惯量与周期的关系曲线,绘制在坐标系上,如图 2-9 所示。由上述关系曲线即可求出不规则物体扭摆振动的周期对应的转动惯量。

详细的实验数据记录表格见实验报告部分。

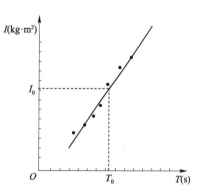

图 2-9　转动惯量与扭摆周期的拟合直线

六、注意事项

（1）实验前,应注意将实验台底座调整水平。

（2）实验过程中,三线摆始终做微幅扭摆,最大偏转角应小于5°。

（3）悬吊圆盘的三根细绳应该长度相等。

（4）实验测试过程中,三线摆不能够出现较大幅度的晃动。

（5）用累积放大法测量周期,尽量减少实验人员的反应时间对周期测量结果的影响。

第五节　金属材料的拉伸实验

一、实验目的

（1）了解电子万能试验机的工作原理,熟悉其操作规程和正确的使用方法。

(2)测定低碳钢的下屈服强度 σ_s（2010 年国家标准，用 R_{eL} 表示），抗拉强度 σ_b（2010 年国家标准，用 R_m 表示），断后伸长率 δ（2010 年国家标准，用 A 表示）和断面收缩率 ψ（2010 年国家标准，用 Z 表示）；测定铸铁的抗拉强度 σ_b。

(3)观察上述两种材料在拉伸过程中的屈服、强化、缩颈和脆性断裂等现象，绘制拉伸实验曲线，并比较其力学性能和破坏形式。

(4)学习和掌握材料力学性能测试的基本实验方法。

二、实验仪器和设备

(1)WDW—100 型电子万能材料试验机。

(2)电子数显卡尺。

(3)低碳钢拉伸试样、铸铁拉伸试样。

三、试样

试样的制备是实验的重要环节。为了避免试样的尺寸和形状对实验结果的影响和便于实验结果相互比较，在实验中采用比例试样，如图 2-10 所示。关于比例试样，国家标准《金属材料　拉伸试验　第 1 部分：室温试验方法》（GB/T 228.1—2010）中有详细的规定。对于圆截面比例试样，规定 $L_0 = 5d_0$ 或 $L_0 = 10d_0$。L_0 为试样原始标距，d_0（2010 年国家标准，用 d 表示）为试样直径。

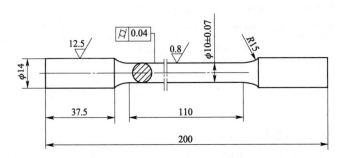

图 2-10　低碳钢拉伸试样（$\phi10$，$L_0 = 100$mm）规格图

四、实验原理

低碳钢和铸铁是性质截然不同的两种典型材料，他们的拉伸过程可由 $F\text{-}\Delta L$ 关系曲线（拉伸图）来描述，如图 2-11、图 2-12 所示，载荷 F 为纵坐标，试样伸长量 ΔL 为横坐标。$F\text{-}\Delta L$ 关系曲线形象地体现了材料的变形特点以及各阶段受力和变形的关系。

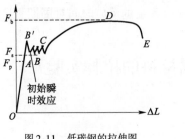

图 2-11　低碳钢的拉伸图

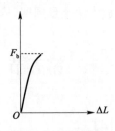

图 2-12　铸铁的拉伸

低碳钢是典型的塑性材料,拉伸时 F-ΔL 关系曲线,如图 2-11 所示,试样从开始受力到断裂前可明显地分成四个阶段。

1. 弹性阶段

拉伸实验时,初始阶段(图 2-11 中 OB' 段)为弹性阶段,在此阶段,力 F 与变形 ΔL 成正比关系,为一直线。若在此阶段卸载,试样的伸长变形可以消失,即弹性变形是可以恢复的变形。

2. 屈服阶段

继续增加载荷,当过了 B' 点以后,试样继续变形,力却不再增加,而在小范围内波动,此时试样失去了抵抗变形的能力,反映在拉伸图上为一水平波动线(图 2-11 中 $B'C$ 段)。若试样表面加工光洁,即可看到 $45°$ 倾斜的滑移线。从此阶段开始,试样的变形不再完全是弹性的,既有弹性变形,又有塑性变形。屈服载荷 F_s 取为不计屈服阶段初始瞬时效应时的最小载荷(图 2-11 中 B 点)。

3. 强化阶段

过了屈服阶段(图 2-11 中 C 点)以后,力又开始增加,曲线也趋上升,此时试样又恢复了抵抗变形的能力,试样继续拉伸达到最大载荷 F_b 以前(图 2-11 中 D 点),在标距范围内的变形是均匀的,此阶段(图 2-11 中 CD 段)称为强化阶段。

4. 颈缩阶段(局部变形阶段)

从达到最大载荷 F_b 开始,试样产生局部伸长和颈缩。颈缩出现后,截面迅速收缩,载荷也随之变小,直至 E 点试样断裂为止。试样断裂的两面各成凹凸状。拉断后的试样有较大的残余变形,如图 2-13 所示。

铸铁是典型的脆性材料,它的 F-ΔL 曲线,如图 2-12 所示。试样在承受变形极小时,就达到最大载荷 F_b 而发生突然断裂,它没有屈服和颈缩现象。拉断后的试样在尺寸上与原始尺寸几乎没有差异,断口沿横截面方向,断面平齐为闪光的结晶状组织,如图 2-14 所示。铸铁的抗拉强度也远小于低碳钢。

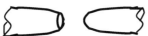

图 2-13　低碳钢的破坏形式　　　　图 2-14　铸铁的破坏形式

五、实验步骤(以低碳钢拉伸实验为例)

(1)测量试样原始尺寸:用电子数显卡尺测量试样的原始标距 L_0(低碳钢试样最远端两根刻线之间的距离)。在标距范围内,于两端、中间各取一截面测量直径 d_0,每一横截面沿相互垂直的方向各测量一次,取其平均值,再用三个平均值中的最小值计算原始横截面积 A_0。

(2)夹装试样:微机控制,按控制板界面右下角的"切换"键,切换到移动横梁的页面,设置一个适中的速度,按"上升"或"下降"键调整横梁的位置,夹装试样。

(3)新建实验记录:按"分析"键切换到实验数据分析页面,按"新建"键新建一个实验记录,填写实验参数、试样参数(批号和编号必须填写,且多条实验记录的批号和编号不能重复),按"确定"键新建完毕。

新建的实验记录的数目可以在实验软件界面上的状态栏观察到。如图 2-15 所示。

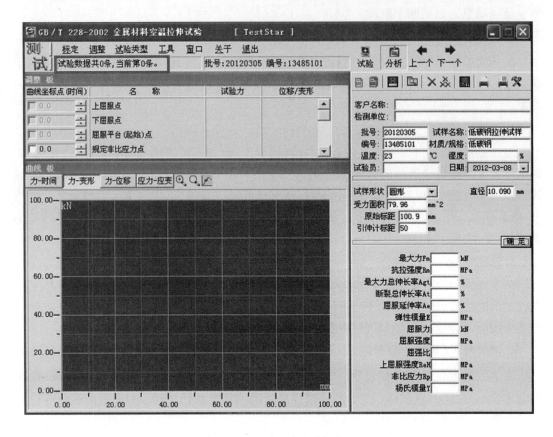

图 2-15　电子万能试验机操作软件界面

（4）示值清零：按"实验"键返回到实验操作页面，依次按"清零"键将实验力、变形、位移清零。

（5）设置是否自动判断结束：将实验力显示窗口上的"破型判断"键按下，则试样拉断后实验会自动结束；否则需要在实验结束时按下"实验结束"键。

（6）设置引伸计相关参数（如果没有配备引伸计，将引伸计标距和原始标距填写同一个数，可跳过此步骤）：

①不使用引伸计，将变形显示窗口上的"取引伸计"键按下，则实验过程中的变形值来自于位移。

②使用引伸计，依次点击菜单的"调整"→"实验参数"，选择"自动"取引伸计，并设置取引伸计的位置（一般为 0.5～1mm），这样在实验过程中当看到软件提示取下引伸计后，用户取下引伸计即可。

（7）设置实验速度：详细阅读《金属材料　拉伸试验　第 1 部分：室温试验方法》（GB/T 228.1—2010）的实验速度设置部分来选择控制方式。检测不同的结果，速度设置是不一样的。如果要检测全部力学性能，请使用"拉伸"的控制方式；当然，也可以选择其他控制方式（例如：位移速度控制、力速度控制等）。可依据国家标准《金属材料　拉伸试验　第 1 部分：

室温试验方法》(GB/T 228.1—2010)的要求设置实验速度。

(8)开始实验:按"实验开始"键开始实验。

①如果使用了引伸计,并且设置了自动取引伸计,当看到软件提示取下引伸计后,取下引伸计即可。

②如果使用了引伸计,并且没有设置自动取引伸计,在屈服发生后,按"取引伸计"键,然后取下引伸计即可。

(9)实验结束:如果在上面第(5)步中设置了"破型判断",则试样断裂后"实验结束"键自动按下,实验自动结束。否则请在试样断裂后按"实验结束"键以结束实验。

(10)数据分析:按"分析"键可切换到数据分析页面,查看相应实验的结果。

先详细阅读《金属材料　拉伸试验　第 1 部分:室温试验方法》(GB/T 228.1—2010)中关于各实验结果的说明。

①关于"弹性模量"的特别说明:相关参数位于菜单"调整"→"分析参数"。一般情况下,选取标志点 20%～40%。弹性模量分析得是否正确,可以在"力—变形"曲线上观察到,图中的直线段为线性拟合线,这条线应该与曲线上的直线部分重合(图 2-16)。

②关于"屈服"的特别说明:相关参数位于菜单"调整"→"分析参数"。根据曲线的类型[参阅标准《金属材料　拉伸试验　第 1 部分:室温试验方法》(GB/T 228.1—2010)相关说明]分析方式有明显的屈服或非比例应力 R_p(没有明显的屈服)。

(11)实验过程中注意观察破坏现象并绘制其试样破坏形式草图。

(12)实验完毕,进行实验数据的保存及打印等操作。

(13)关闭电源,整理现场。

铸铁拉伸实验参照低碳钢拉伸实验步骤进行。

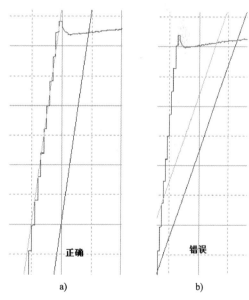

正确　　　　　错误

a)　　　　　b)

图 2-16　弹性模量分析

六、实验结果的处理

根据实验测得的屈服载荷 F_s、最大载荷 F_b,计算出其主要强度指标:

下屈服强度

$$\sigma_s = \frac{F_s}{A_0} \tag{2-27}$$

抗拉强度

$$\sigma_b = \frac{F_b}{A_0} \tag{2-28}$$

根据实验测得的断后标距 L_1、断后最小横截面积 A_1,计算出其主要塑(韧)性指标:

断后伸长率

$$\delta = \frac{L_1 - L_0}{L_0} \times 100\% \tag{2-29}$$

断面收缩率

$$\psi = \frac{A_0 - A_1}{A_0} \times 100\% \tag{2-30}$$

第六节　金属材料的压缩实验

一、实验目的

(1)观察低碳钢、铸铁在受压过程中的力学现象,分析其破坏原因。

(2)测定低碳钢的下屈服强度 σ_s,测定铸铁的抗压强度 σ_b。

二、实验仪器和设备

(1)WDW—100 型电子万能材料试验机。

(2)电子数显卡尺。

三、试样

实验仍采用比例试样。金属材料压缩试样一般制成圆柱形,如图 2-17 所示,直径 d_0 的大小为 10～20mm,其高度 h_0 为 d_0 的 1.5 ～3 倍,防止实验时(图 2-18)被压弯。

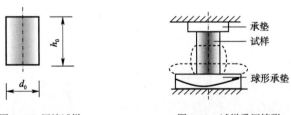

图 2-17　压缩试样　　　　　图 2-18　试样受压情形

四、实验原理

压缩过程可由 $F\text{-}\Delta L$ 关系曲线(压缩图)来描述。低碳钢的压缩曲线,如图 2-19 所示。曲线有明显的弹性直线段和强化段,两段之间有拐点,该点对应的载荷为屈服载荷 F_s,但有时屈服现象不像拉伸时那样明显,在实验中需细心观察记录。超过屈服阶段后,当载荷不断增加时,试样逐渐被压扁而不发生断裂破坏,如图 2-19 所示。实验中只能测得其屈服载荷 F_s,而测不出最大载荷 F_b。

铸铁的压缩曲线,如图 2-20 所示。曲线呈非线性,无明显的阶段之分。当压缩载荷达到极值 F_b 时,承压的铸铁试样会突然开裂,发生破坏。试样破坏时,略呈鼓形,其断裂面与轴线大约成 45°左右,如图 2-20 所示,这是由于铸铁类脆性材料的抗剪强度远低于抗压强度,从而使试样被剪断所致。

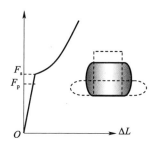
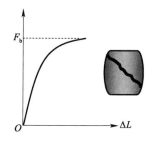

图 2-19　低碳钢压缩图和试样破坏形式　　　　　图 2-20　铸铁压缩图和试样破坏形式

五、实验步骤

（1）用电子数显卡尺测量试样直径 d_0，在试样高度的中点截面处沿相互垂直的方向各量测一次，取其平均值计算原始横截面积 A_0。

（2）试样应尽量准确地放在试验机工作台的下压头球形承垫中心位置上（图 2-18），使之承受轴向压力。缓慢加载，以便及时而准确地测定低碳钢的屈服载荷 F_s、铸铁试样开裂时的最大载荷 F_b。

（3）取下试样观察破坏现象并绘制其破坏断口的草图。

（4）实验完毕，清理试验机、工具，一切复原。

六、实验结果的处理

根据实验测得的屈服载荷 F_s、最大载荷 F_b，计算出强度指标：

下屈服强度

$$\sigma_s = \frac{F_s}{A_0} \tag{2-31}$$

抗压强度

$$\sigma_b = \frac{F_b}{A_0} \tag{2-32}$$

第七节　弹性模量的测定（机测法）

一、实验目的

在比例极限内测定低碳钢的弹性模量 E，验证胡克定律。

二、实验仪器和设备

（1）WDW—100 型电子万能材料试验机。

（2）电子引伸计。

（3）电子数显卡尺。

（4）金属拉伸试样。

三、实验原理

测定钢材的弹性模量 E 时，应采用拉伸实验。一般在比例极限以内进行（图 2-11 中 OA

段）。钢材在比例极限内服从胡克定律，其关系式为：

$$\Delta L_e = \frac{FL_e}{EA_0} \tag{2-33}$$

由此可得弹性模量：

$$E = \frac{FL_e}{\Delta L_e A_0} \tag{2-34}$$

式中：F——轴向力；

　　　L_e——引伸计标距；

　　　ΔL_e——引伸计标距范围内试样的轴向伸长量；

　　　A_0——试样原始横截面积。

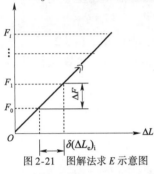

图 2-21　图解法求 E 示意图

本次实验的弹性模量 E 的计算可以采用图解法。实验时将电子引伸计装夹在试样上，通过材料试验机数据采集器对力 F 和 ΔL_e 自动跟踪测量，实验完毕，由计算机自动处理后，可以绘制出精确的 F-ΔL 曲线图。在绘好的 F-ΔL 曲线图上以统一的轴向力增量 ΔF，量取相应轴向伸长量增量 $\delta(\Delta L_e)_i$，如图 2-21 所示。由 F-ΔL 曲线可以发现，各级载荷增量 ΔF 相等时，相应地轴向伸长量的增量 $\delta(\Delta L_e)_i$ 也基本相等，这就验证了胡克定律。

四、实验方法和步骤

（1）阅读试验机的使用说明书和实验指导书，了解弹性模量测定实验的具体内容，熟悉仪器操作规程，并留意有关注意事项。

（2）测量试样原始尺寸：在标距范围内，于两端、中间各取一截面测量直径 d_0，每一横截面沿相互垂直的方向各测量一次，取其平均值，再按三处直径平均值的平均值计算原始横截面积 A_0。标距取引伸计标距 L_e。

（3）检查试验机：按估算的最大载荷选择合适的量程，由于实验在比例极限内进行，故最大应力值不能超过比例极限，低碳钢一般取下屈服点 σ_s 的 70% ~ 80%，则最终载荷值不要超过 16kN。设置好实验参数，调整好零点。

（4）安装试样和电子引伸计：先安装好试样，再小心正确地安装引伸计，使引伸计刀刃与试样相接触，并固定好。

（5）教师检查以上各步骤完成情况，开动试验机，预加载荷至接近于最终载荷值，然后卸载。检查试验机、引伸计、微机控制台等是否处于正常工作状态。

（6）进行实验：按加载速率要求加载，一直加至最终值为止。如此反复进行若干次，直到曲线符合要求为止。

（7）实验后的整理：小心地取下电子引伸计，放入盒内，将试验机复原。

五、实验结果的处理

将所量取的 $\delta(\Delta L_e)_i$ 和 ΔF 代入下式，弹性模量 E：

$$E = \frac{\Delta F L_e}{A_0 \delta(\Delta L_e)_{i均}} \tag{2-35}$$

式中：ΔF ——载荷增量；

　　　L_e——引伸计标距；

　　　A_0 ——试样原始横截面积；

$\delta\,(\,\Delta L_e\,)_{i均}$ ——轴向伸长量增量 $\delta\,(\,\Delta L_e\,)_i$ 的平均值。

第八节　弹性模量 E 和泊松比 μ 的测定（电测法）

一、实验目的

（1）测定金属材料的弹性模量 E 和泊松比 μ。

（2）验证胡克定律。

二、实验仪器和设备

（1）XL3418C 型材料力学多功能实验台中的拉伸装置。

（2）XL2118C 型静态电阻应变仪。

（3）游标卡尺、钢板尺等。

三、实验原理

实验试件采用矩形截面试件，宽度 $b = 30\text{mm}$，厚度 $h = 4.8\text{mm}$，其弹性模量 $E = 206\text{GPa}$，泊松比 $\mu = 0.270$，电阻应变片布片方式如图 2-22 所示。在试件中央截面上，在拉伸试件的两侧面对称地粘贴一对轴向应变片 R_1、R_3，又沿前后两面的轴线方向粘贴一对轴向应变片 R_2、R_4 及一对横向应变片 R_5、R_6，以测量轴向应变 ε 和横向应变 ε'。

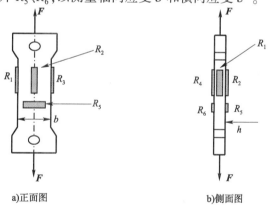

a)正面图　　　　　　　　b)侧面图

图 2-22　轴心拉伸试件及应变片布置图

1. 弹性模量 E 的测定

由于实验装置和安装初始状态的不稳定性，拉伸曲线的初始阶段往往是非线性的。为了尽可能减小测量误差，实验宜从一初载荷 $F_0(F_0 \neq 0)$ 开始，采用增量法，分级加载，分别测量在各相同载荷增量 ΔF 作用下，产生的应变增量 $\Delta\varepsilon$，并求出 $\Delta\varepsilon$ 的平均值。设试件初始横截面面积为 A_0，又因 $\varepsilon = \Delta l/l$，则有：

$$E = \frac{\Delta F}{\Delta\varepsilon \cdot A_0} \tag{2-36}$$

式中：A_0——试件截面面积；

    $\overline{\Delta\varepsilon}$——轴向应变增量的平均值。

式(2-36)即为增量法测 E 的计算公式。

2.泊松比 μ 的测定

利用试件上的横向应变片和纵向应变片合理组桥，为了尽可能减小测量误差，实验宜从一初载荷 $F_0(F_0 \neq 0)$ 开始，采用增量法，分级加载，分别测量在各相同载荷增量 ΔF 作用下，横向应变增量 $\Delta\varepsilon'$ 和纵向应变增量 $\Delta\varepsilon$。求出平均值，按式(2-37)便可求出泊松比 μ：

$$\mu = \left| \frac{\Delta\varepsilon'}{\Delta\varepsilon} \right| \tag{2-37}$$

式中：$\overline{\Delta\varepsilon'}$——横向应变增量平均值；

    $\overline{\Delta\varepsilon}$——轴向应变增量平均值。

四、实验方法和步骤

(1)设计好本实验所需的各类数据表格。

(2)测量试件尺寸。

(3)调整好实验加载装置。

(4)按实验要求接好线，调整好实验仪器，检查整个测试系统是否处于正常工作状态。

(5)加载实验。均匀缓慢加载至初载荷 $F_0 = 500\text{N}$，记下各点应变的初始读数；然后每次增加等量的载荷 $\Delta F = 500\text{N}$，分级等增量加载，每增加一级载荷，依次记录各点电阻应变片的应变值，直到最终载荷。实验至少重复两次。

(6)做完实验后，卸掉载荷，关闭电源，整理好所用仪器设备，清理实验现场，将所用仪器设备复原，实验资料交指导教师检查签字。

五、实验结果的处理

(1)根据公式(2-36)计算弹性模量。

$$E = \frac{\Delta F}{\Delta\varepsilon \cdot A_0}$$

(2)根据公式(2-37)计算泊松比。

$$\mu = \left| \frac{\overline{\Delta\varepsilon'}}{\overline{\Delta\varepsilon}} \right|$$

第九节　偏心拉伸实验

一、实验目的

(1)测量试件在偏心拉伸时横截面上的最大正应变 ε_{max}。

(2)选择适宜的组桥方法，测定试件的偏心距 e。

(3)学习拉弯组合作用下试件横截面上弯矩、轴力的测定方法。

(4)验证叠加原理的正确性。

(5)进一步掌握电测法及多点测量技术。

二、实验仪器和设备

(1)XL3418C 型材料力学多功能试验台。

(2)XL2118C 型数字静态电阻应变仪。

(3)中碳钢偏心拉伸试样。

(4)钢板尺等辅助工具。

三、实验原理

偏心拉伸试样如图 2-23 所示,宽度 $b = 30\text{mm}$,厚度 $h = 4.8\text{mm}$,其弹性模量 $E = 206\text{GPa}$。试件承受偏心拉伸载荷作用,偏心距为 e。在试件中央截面上,在拉伸试件的两侧面对称地粘贴一对轴向应变片 R_1、R_3,又沿前后两面的轴线方向粘贴一对轴向应变片 R_2、R_4。

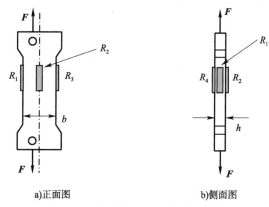

a)正面图　　　　　　　　b)侧面图

图 2-23　偏心拉伸试件及应变片布置图

则由力学分析可知,两侧边的应变片可以感受由拉伸和弯曲两种变形引起的应变,即测点 1 和测点 3 的正应变为:

$$\varepsilon_1 = \varepsilon_F + \varepsilon_M \tag{2-38}$$

$$\varepsilon_3 = \varepsilon_F - \varepsilon_M \tag{2-39}$$

式中:ε_F ——轴向拉伸应变;

$\quad \varepsilon_M$ ——弯曲正应变。

由分析可知,横截面上的最大正应变为:

$$\varepsilon_{\max} = \varepsilon_F + \varepsilon_M \tag{2-40}$$

试件横截面上的轴力为:

$$F = EA\varepsilon_F \tag{2-41}$$

根据弯曲正应力的计算公式:

$$\sigma_M = E\varepsilon_M = \frac{M}{W_z} = \frac{Fe}{W_z} \tag{2-42}$$

可以推导出试件横截面上的弯矩计算公式为:

$$M = Fe = W_z E\varepsilon_M \tag{2-43}$$

从而由上式可以得到,试件偏心距 e 的计算表达式为:

$$e = \frac{\varepsilon_M \cdot W_z \cdot E}{F} \tag{2-44}$$

可以通过不同的组桥方式(图 2-24)测出上式中的 $\varepsilon_{\max}$,ε_F 及 ε_M,从而进一步可以求出

试件横截面上的轴力、弯矩、最大正应力 σ_{max} 和偏心距 e。

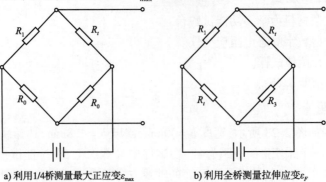

a) 利用1/4桥测量最大正应变 ε_{max}　　　　b) 利用全桥测量拉伸应变 ε_F

图 2-24　不同的组桥方式测量 ε_{max} 与 ε_F

1. 测量最大正应变 ε_{max}

利用1/4桥测量最大正应变 ε_{max}，组桥方式见图2-24a)。其中 R_0 为应变仪内置标准电阻。

$$
\begin{aligned}
\varepsilon_{max} &= \varepsilon_F + \varepsilon_M \\
&= (\varepsilon_F + \varepsilon_M + \varepsilon_t) - \varepsilon_t \\
&= \varepsilon_1 - \varepsilon_t
\end{aligned} \tag{2-45}
$$

2. 测量拉伸应变 ε_F

全桥组桥法(备有两个温度补偿片)，组桥方式见图2-24b)。

$$
\begin{aligned}
\varepsilon_{du} &= \varepsilon_1 - \varepsilon_t - \varepsilon_t + \varepsilon_3 \\
&= (\varepsilon_F + \varepsilon_M + \varepsilon_t) - \varepsilon_t - \varepsilon_t + (\varepsilon_F - \varepsilon_M + \varepsilon_t) \\
&= (\varepsilon_F + \varepsilon_M) + (\varepsilon_F - \varepsilon_M) \\
&= 2\varepsilon_F
\end{aligned} \tag{2-46}
$$

将 ε_F 代入式(2-41)，即可求得试件横截面上的轴力。

3. 测量弯曲正应变 ε_M 及偏心矩 e

利用半桥组桥法测量弯曲正应变 ε_M，组桥方式见图2-25。

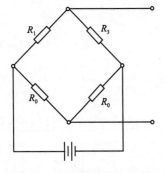

$$
\begin{aligned}
\varepsilon_{du} &= \varepsilon_1 - \varepsilon_3 \\
&= (\varepsilon_F + \varepsilon_M + \varepsilon_t) - (\varepsilon_F - \varepsilon_M + \varepsilon_t) \\
&= (\varepsilon_F + \varepsilon_M) - (\varepsilon_F - \varepsilon_M) \\
&= 2\varepsilon_M
\end{aligned} \tag{2-47}
$$

将 ε_M 代入式(2-43)和(2-44)，即可求得试件横截面上的弯矩 M 及偏心矩 e。

应该说明的是上述测量的组桥方案并不是唯一的，只是诸多组桥方案中的其中一种，请学生自己思考并尝试设计其他的实验方案。

图 2-25　利用半桥测量弯曲正应变 ε_M

四、实验方法和步骤

(1)设计实验所需的各类数据记录表格。

(2)测量试件尺寸。测量试件三个有效横截面尺寸，取其平均值作为实验值。

(3)调整实验台,安装偏心拉伸试件。

(4)设计组桥方案,应变片接线。测量最大应变时按照图 2-24a)将所有应变片接入应变仪;测量拉伸应变时按照图 2-24b)将所有应变片接入应变仪;测量弯曲正应变时按照图 2-25 将所有应变片接入应变仪。或者,根据惠斯登电桥的加减特性和各个应变片感受应变的情况,自行设计组桥方案,然后按设计的组桥方案将所有应变片接入到应变仪相应的接线柱上。

(5)应变仪参数设置。调整电阻应变仪的灵敏系数,使 $K_{仪} = K_{片}$,以及应变片的电阻值设置等。

(6)检查及试车。检查以上步骤完成情况,然后预加一定载荷,再卸载至初载荷以下,以检查综合实验台、偏心拉伸试件以及应变仪是否处于正常状态。

(7)进行实验。采用等增量加载的方法,将载荷加至初载荷,记下此时应变仪的读数或将读数清零。逐级等增量加载,每加一级载荷,记录各点的应变值,将数据记录于相应的表格中。实验至少重复四次,如果数据稳定,重复性好即可结束实验。

(8)卸载,拆线,关闭电源,将实验台和应变仪恢复原状。

五、实验结果的处理

(1)整理实验记录数据。根据实验报告各个表格中的读数应变(ε_{du}),以及应变仪的读数应变与欲测量的应变($\varepsilon_{max},\varepsilon_F,\varepsilon_M$)之间的关系,求出各级载荷下欲测的增量,然后计算它们的增量平均值。

(2)计算测量截面的横截面积 A 和截面抗弯模量 W_z,根据载荷增量,利用式(2-41)、式(2-43)、式(2-44)求出截面上的轴力、弯矩、偏心距。

(3)分析理论值与实验值之间的误差。

六、注意事项

(1)请于实验前 20min 打开应变仪,对应变仪进行预热。

(2)在正常测试前,先检查应变仪的读数显示,当温度漂移和零点漂移都在正常值范围内,才可继续实验。

(3)对于所有测试方案,都是预加载荷 500N,然后采用逐级等增量加载的方法,每次增加 500N,逐级加载 5 次,分别记录数据。

(4)实验过程中,应严格按照设计方案进行加载,不可超载。

(5)不能随便乱动实验室内与本次实验无关的其他实验仪器设备。

第十节 金属材料的扭转实验

一、实验目的

(1)测定低碳钢的剪切屈服强度 τ_s、抗扭强度 τ_b,测定铸铁的抗扭强度 τ_b。

(2)观察、比较低碳钢(塑性材料)和铸铁(脆性材料)受扭时的变形能力及破坏特征,并分析其破坏原因。

二、实验设备

（1）NDS—05 型扭转试验机。

（2）电子数显卡尺。

三、试样

本实验仍采用圆截面比例试样，直径 $d_0 = 10\text{mm}$，标距 $L_0 = 100\text{mm}$，如图 2-26 所示。

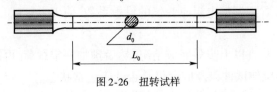

图 2-26　扭转试样

四、实验原理

材料的扭转过程可用 $T\text{-}\phi$ 曲线（扭转图）来描述。T 为施加在试样上的扭矩，ϕ 为试样的变形（扭转角）。注意这时的 ϕ 为整个试样的变形，而不仅仅是标距内的变形。但由于变形较大，可忽略端部变形的影响。

图 2-27 为低碳钢扭转曲线，OA 为弹性阶段，应力呈线性分布。超过弹性阶段后，变形继续增大，有明显的屈服阶段 AB。屈服时，扭矩在小范围内波动，可读出其最小扭矩 T_s，此时应注意观察记录。屈服阶段过后，材料强化，曲线继续单调上升，但其斜率逐渐趋于 0，到达 C 点时试样扭断，扭矩达到最大值 T_b，断口沿横截面方向，在断口上可观察到扇形剪切痕迹。由此可知，低碳钢的扭转破坏是由剪应力引起的。破坏试样有很大的变形，若实验前在试样上沿着轴线方向画一母线，变形后母线将变成螺旋线，如图 2-29 所示。

图 2-28 为铸铁扭转曲线，其 $T\text{-}\phi$ 曲线明显偏离直线，当达到最大扭矩 T_b 时，发生脆性断裂，断口为沿轴线约呈 45°～50° 的螺旋面，断面为闪光的结晶状组织。垂直于断裂面的方向为纯剪应力状态的第一主应力 σ_1（拉应力方向）。可见铸铁的扭转破坏原因是拉应力引起的。试样也有可观的塑性变形，实验前在试样上纵向画一母线，破坏后母线会有一定偏斜，如图 2-30 所示。

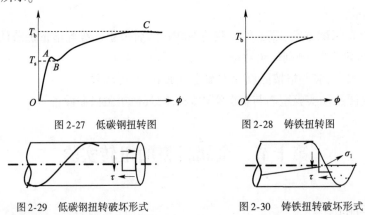

图 2-27　低碳钢扭转图　　　　图 2-28　铸铁扭转图

图 2-29　低碳钢扭转破坏形式　　　图 2-30　铸铁扭转破坏形式

五、实验步骤

（1）用电子数显卡尺测量低碳钢和铸铁试样的直径 d_0，方法与拉伸实验相同。在试样上沿轴线方向用粉笔画一母线，以便观察扭转时的变形情况。

（2）根据低碳钢、铸铁的抗扭强度 τ_b 估计最大扭矩 T_{max}，选择合适的测力量程。然后按照详细操作规程进行调零。

（3）安装试样。将试样装入扭转试验机，先将试样一端放入固定夹头中夹紧，调整加载机构使试样插入活动夹头中并夹紧。检查记录装置，使之处于工作状态。

（4）进行实验。缓慢加载，当模拟测力度盘上的指针停止不动甚至倒退时，表示试样开始屈服，记下相应的屈服扭矩 T_s；超过屈服阶段后，可以加快加载速度直至试样断裂为止，记录最大扭矩 T_b。

（5）试样扭断后立即停机。关闭电源。取下断裂的试样，并绘制断口破坏草图。

六、实验结果的处理

根据实验中测得的 T_s、T_b，依据《金属材料　室温扭转试验方法》（GB/T 10128—2007）的规定，一律使用线弹性应力公式计算强度指标：

屈服强度

$$\tau_s = \frac{T_s}{W_p} \tag{2-48}$$

抗扭强度

$$\tau_b = \frac{T_b}{W_p} \tag{2-49}$$

式中：W_p——抗扭截面系数，$W_p = \dfrac{\pi d_0^3}{16}$；

　　　T_s——屈服扭矩；

　　　T_b——最大扭矩。

第十一节　剪切弹性模量 G 的测定实验

一、实验目的

（1）用应变电测法测量低碳钢的剪切弹性模量 G。

（2）验证圆截面杆件扭转变形的胡克定律。

二、实验仪器和设备

（1）NDS—05 型电子扭转试验机。

（2）电阻应变仪。

（3）贴有两枚应变片（粘贴方向与轴线成45°夹角）的低碳钢扭转试样。

（4）钢板尺、电子数显卡尺等。

三、实验原理

低碳钢扭转试样如图2-31中所示，试样上粘贴有两枚与轴线成45°夹角的电阻应变片。在剪切比例极限内，剪应力 τ 和剪应变 γ 成正比，这就是材料的剪切胡克定律，其表达式为：

$$\tau = G\gamma \tag{2-50}$$

式中：G——比例常数，即为材料的剪切弹性模量。

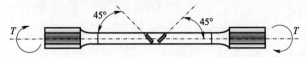

图 2-31　低碳钢扭转试样及应变片布置图

由式(2-50)得：

$$G = \frac{\tau}{\gamma} \tag{2-51}$$

式中的剪应力 τ 和剪应变 γ 均可以由实验测出，其方法如下。

(1)剪应力 τ 的测定：两枚电阻应变片粘贴于圆截面扭转试件的表面，贴片处剪应力的大小可由下式求出：

$$\tau = \frac{T}{W_p} \tag{2-52}$$

式中：W_p ——圆截面扭转试件的抗扭截面系数，$W_p = \dfrac{\pi d^3}{16}$；

　　　 d——扭转试件的直径。

根据实验过程中测量的扭矩大小，即可计算出相应的剪应力的数值。

(2)剪应变 γ 的测定：当圆截面扭转试件只受扭矩作用时，其表面微元体为纯剪切应力状态(图 2-32、图 2-33)。此时主应力 σ_1 和 σ_3 的方向与轴线的夹角分别为 $-45°$ 和 $45°$，且 $\sigma_1 = -\sigma_3 = \tau$。沿 σ_1 和 σ_3 方向的主应变 ε_1 和 ε_3 数值相等、符号相反。根据广义胡克定律，由力学分析可知：

$$\varepsilon_{45°} = \frac{\sigma_1 - \mu\sigma_3}{E} = \frac{1 + \mu}{E} \cdot \tau = \frac{\tau}{2G} = \frac{\gamma}{2} \tag{2-53}$$

可以通过半桥测量的组桥方式测出上式中的 $\varepsilon_{45°}$，从而进一步求出扭转试件表面贴片位置的剪应变 γ(图 2-34)。其中 R_1 为与 σ_1 对应方向的电阻应变片，R_3 为与 σ_3 对应方向的电阻应变片，R_0 为应变仪内置的标准电阻。如果 R_1 和 R_3 接反，则应变仪的读数也会相反。由应变电测原理可知，应变仪读数应当是 45°方向上线应变的 2 倍，即：

$$\varepsilon_{du} = 2\varepsilon_{45°} \tag{2-54}$$

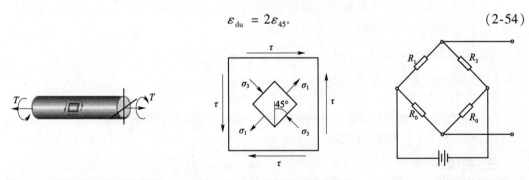

图 2-32　扭转试样承受纯扭转作用　　　图 2-33　扭转试件表面的应力状态　　　图 2-34　半桥测量剪应变 γ

将式(2-53)代入式(2-54)，得到：

$$\gamma = \varepsilon_{du} \tag{2-55}$$

最后,将实验测出的剪应力 τ 和剪应变 γ 代入公式(2-51)中,即可计算出材料的剪切弹性模量 G。

四、实验方法和步骤

(1)测量应变片粘贴处圆截面扭转试件的直径 d,计算抗扭截面系数 W_p。

(2)开机并调整扭转试验机,安装试件。

(3)设置应变仪参数及选择桥路。调整电阻应变仪的灵敏系数,使 $K_\text{仪} = K_\text{片}$,以及应变片的电阻值设置,选择半桥测量方式。

(4)应变片接线。测量时按照图2-34将两枚工作应变片接入应变仪。

(5)检查及试车。检查以上步骤完成情况,然后预加一定扭矩(小于 5N·m)再卸载,并观察应变仪读数变化情况,以检查扭转试验机、扭转试件以及应变仪是否处于正常状态。

(6)进行实验。采用逐级等增量加载的方法,将载荷加至初始载荷,记下此时应变仪的读数或将读数清零。然后逐级等增量加载,每加一级载荷,记录应变仪的读数,将数据记录于实验报告相应的表格中。实验至少重复四次,如果数据稳定,重复性好即可结束实验。

(7)卸载,拆线,关闭电源,将试验机和应变仪恢复原状。

五、实验结果的处理

(1)根据扭转试件的直径 d,计算抗扭截面系数 W_p。根据载荷增量 ΔT,利用公式(2-52)求出剪应力增量 $\Delta\tau$。

(2)整理实验记录数据。根据实验报告各级载荷下的读数应变(ε_du),求出各级载荷下剪应变 γ 的增量,然后计算它们的增量平均值。

(3)利用公式(2-51)求出材料的剪切弹性模量 G。

(4)分析实验测试结果的误差。

六、注意事项

(1)请于实验前 20min 打开应变仪,对应变仪进行预热。

(2)在正常测试前,先检查应变仪的读数显示,当温度漂移和零点漂移都在正常值范围内,才可继续实验。

(3)实验过程中,应严格按照设计方案进行加载,扭转速度应均匀缓慢,不要冲击加载,所加载荷不可超过材料的弹性范围。

(4)测量试件直径和加载过程中,不要用力拉扯导线,保护好应变片。

(5)不能随便乱动实验室内与本次实验无关的其他实验仪器设备。

第三章 综合型实验

第一节 应变电测方法的基本原理

电测实验是用电阻应变片测定构件上的应力、应变的实验方法。

电测实验不仅用于验证材料力学的理论、测定材料的力学性能,而且作为一种重要的实验手段,广泛应用于实际工程问题及科学研究之中。因此,掌握这种实验方法,可增强解决实际问题的能力。

电测实验的基本原理是将力学量转换成电量,再将电量转换为原来的力学量,它们之间的转换通过电阻应变片和电阻应变仪实现,如图 3-1 所示。

图 3-1 电测实验原理示意图

测量时,用专用的胶粘剂将电阻应变片粘贴到被测构件表面,应变片因感受测点的应变而使自身的电阻改变,电阻应变仪将应变片的电阻变化转换成电信号并放大,然后显示出应变值。再根据应力应变关系,将测得的应变值换算成应力值,达到对构件进行实验应力分析的目的。

电阻应变片和电阻应变仪的种类繁多,但工作原理大致相同,下面介绍相关知识及电阻应变仪的使用方法。

一、电阻应变片

电阻应变片一般由敏感栅、基底、覆盖层和引线四部分组成,如图 3-2 所示。

常用的金属电阻应变片有丝绕式和箔式两种,如图 3-3 所示。丝绕式电阻应变片的敏感栅一般用很细的铜镍合金或镍铬合金丝制成,盘成栅状固结在覆盖层和基底之间。箔式电阻应变片的敏感栅是将所用合金轧制成 $0.003 \sim 0.01 \, mm$ 的箔材,经化学腐蚀处理制成栅状固结在覆盖层和基底之间。

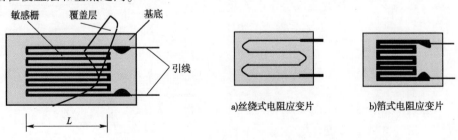

图 3-2 电阻应变片的组成　　　　图 3-3 不同种类的电阻应变片

敏感栅是应变片的主体,主要用来感受变形,并把应变量 $\varepsilon = \Delta L/L$ 转化成电阻变化量 $\Delta R/R$,其初始阻值一般为 120Ω。基底和覆盖层用来保护和固结敏感栅。引线用来连接测量导线。

测量时,电阻应变片按一定方向粘贴在构件的测量位置上。实验证明,在一定范围内,应变片的长度变化率与电阻变化率有下述关系:

$$\frac{\Delta R}{R} = K \frac{\Delta L}{L} = K\varepsilon \tag{3-1}$$

式中:ε——构件的应变,工程中常用 $\mu\varepsilon$ 计量,$1\mu\varepsilon = 10^{-6}\varepsilon$;

K——电阻应变片的灵敏系数。

K 值主要取决于敏感栅的材质、几何形状与尺寸。由于应变片只能粘贴一次,不能重复使用,所以 K 值是由制造厂家抽样标定后确定的。一般在 $1.8 \sim 2.8$ 之间。进行测量时,应变仪的灵敏系数 $K_{仪}$ 应和所选用的应变片的灵敏系数 $K_{片}$ 数值相等,即 $K_{仪} = K_{片}$,这样测出的应变即为测点的实际应变,不需要进行修正。

应变片的粘贴是测试技术的一个重要环节,它直接影响着测量精度。

二、电阻应变仪

电阻应变仪是测量应变的电子仪器,广泛应用在生产、科研、教学中。配用不同的传感器也可进行与应变值有确定关系的其他物理量的测量。如载荷、压力、扭矩、位移、温度、材料的模量等物理量。

电阻应变仪是按惠斯登电桥原理设计而成的,它的主要作用是配合电阻应变片组成电桥,并对电桥的输出信号进行放大,以便由仪器指示出应变数值。

图 3-4 为惠斯登电桥电路。设电桥中各桥臂电阻分别为 R_1、R_2、R_3、R_4,当满足条件 $R_1R_3 = R_2R_4$ 时,则 BD 端电压为零,电桥无输出,处于平衡状态。测量时,电阻应变片作为电桥的桥臂,接在应变仪的桥路上。当某一桥臂电阻值发生变化时,如应变片因构件变形而引起电阻变化时,电桥的输出电压也相应地发生变化。但是构件的变形往往很小,所以电桥的输出电压一般也很小,因此,应变仪的主要功能就是将微弱的电压加以放大,然后再转换成应变值显示出来。

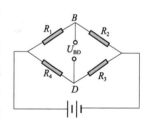

图 3-4 惠斯登电桥电路

三、测量电桥的接法

当 R_1、R_2、R_3、R_4 桥臂全部接测点的应变片(又称工作片)时,称为全桥接法,如图 3-5 所示。

当 R_1 桥臂接测点应变片,R_2 桥臂接温度补偿片,R_3 和 R_4 桥臂接标准电阻时,称为半桥接法,如图 3-6 所示。

图 3-5 全桥接法

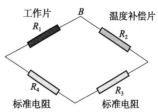

图 3-6 半桥接法

四、温度补偿

电阻应变片对温度的变化很敏感。粘贴在构件上的应变片,其敏感栅的电阻值,一方面,随构件变形而变化;另一方面,当环境温度变化时,敏感栅的电阻值还将随温度改变而变化。同时,由于敏感栅材料和被测材料的线膨胀系数不同,敏感栅有被迫拉长或缩短的趋势,也会使其电阻值发生变化。因此,在温度环境中进行测量时,应变片的电阻变化将由两部分组成,即:

$$\Delta R = \Delta R_\varepsilon + \Delta R_t \tag{3-2}$$

式中:ΔR_ε——构件变形引起的阻值变化;

　　　　ΔR_t——温度变化引起的阻值变化。

这两部分电阻变化同时存在,混淆在一起,其数量级相当,使得测量出的应变值中包含了因环境温度变化引起的虚假应变,这将给测量带来很大的误差。因此,在测量中必须设法消除温度变化 ΔR_t 的影响。消除温度影响的措施采用温度补偿。通常在测量中,将工作片 R_1 粘贴在构件被测点处,再取一个与 R_1 规格相同的应变片 R_2,将其粘贴在与测点材质相同的材料上,放置在同一温度环境中,作为另一个桥臂,但不受力。在同一温度场下,R_1 与 R_2 由于温度改变引起的电阻改变量是相同的,即:$\Delta R_{1t} = \Delta R_{2t}$,将其代入电桥平衡条件方程,将会相互抵消掉。这样就把温度的影响消除了。应变片 R_2 就称为温度补偿片。

第二节　电测组桥实验

一、概述

电测应变技术是力学实验常用的应变测试手段。要求学生通过本实验掌握电测应变的测量原理和方法。本次实验将简支梁上下表面的 4 枚应变片组成不同的桥路,测量不同组桥方式下的应变值,以便了解测量电桥加减特性、各种组桥的接线方法和特点,以及不同组桥方式对测量灵敏度的影响。

电测实验测试对象是布有若干枚电阻应变片的实验装置。要求学生在实验过程中严格按照实验加载设备的操作规程进行操作,加载速度严格控制在低速。静态电阻应变仪是电测实验最基本的测试设备。通过本次实验课的专门训练,掌握应变仪的使用方法和操作要领。

二、实验目的

(1)掌握静态电阻应变仪的使用方法。

(2)学会各种组桥的接线方法,掌握各种组桥方式的特点和应用范围。

(3)通过各组桥方式的实验结果,认识组桥方式对提高应变测量精度和灵敏度的影响。

三、实验设备与装置

(1)静态电阻应变仪。

(2)电子万能材料试验机。

(3)矩形截面简支梁(上、下表面共对称粘贴有 4 枚应变片)。

四、实验原理

根据电桥输出与试件应变的函数关系:

$$\Delta U = \frac{1}{4} U_0 K (\varepsilon_1 - \varepsilon_2 + \varepsilon_3 - \varepsilon_4) \tag{3-3}$$

可见,在使用应变电桥测量试件应变时,必须根据不同的变形方式选择相应的贴片位置及方向,并按一定规律将各应变片组成电桥,这就是布片组桥工作。

实际测量工作中,所测试件往往不仅受一种变形方式的作用,而是处于组合变形状态,这就对布片组桥工作提出了更高的要求:首先要保证可以测出欲测变形所产生的应变,同时还要保证其他变形方式在试件上产生的应变在电桥输出中消除。

五、实验内容及步骤

(1)打开电阻应变仪的电源,对应变仪进行预热20min。

(2)应变仪预热的间歇,听教师讲解电子万能试验机的操作规程和控制面板的功能设置。

(3)学习静态电阻应变仪的桥路选择和接线方法。

(4)制订测试方案并设计记录数据的表格。

(5)正确安装简支梁,依次将4枚应变片按照1/4桥(公共温度补偿)的方式,把应变片引线接到应变仪各测量电桥的相应位置上,并按"自动平衡"键将原始数据清零。

(6)在正式加载测试前,先检查应变仪的读数显示,当温度漂移和零点漂移都在正常值范围内,才可继续实验。

(7)进行加载并测量电桥输出应变。

(8)改变接桥方式,将4枚应变片按照半桥的方式,把应变片引线接到应变仪各测量电桥的相应位置上,重复步骤(5)~(7)。

(9)桥路选择改为全桥,将4枚应变片按照全桥的方式,把应变片引线接到应变仪各测量电桥的相应位置上,重复步骤(5)~(7)。

(10)分析比较不同的组桥方式的实验结果,学习测量电桥的加减特性以及不同组桥方式对测量灵敏度的影响。

六、实验总结要求

实验后要求每人做一份总结,内容如下:

(1)仪器设备的名称、型号、精度及编号。

(2)实验装置简图(标明本次实验使用的每个应变片的位置和编号)。

(3)列表说明每种组桥方式的应变测量结果(选取的电阻应变片测点号,如何接桥,组桥方式示意图,软件上选用的连接方式),测量结果及灵敏度分析。

(4)总结电测实验的基本步骤和注意问题。

第三节　电阻应变片贴片实验

一、概述

电阻应变片的粘贴技术包括应变片的分选、试件表面处理、应变片粘贴、质量检查、联结导线及防护等环节。应变片粘贴质量的优劣,直接影响应变测量的精度。从事实验应力分析的工程技术人员,都应掌握这项基本操作技术。

二、实验目的

(1)掌握电阻应变片的粘贴、焊接技术。

(2)利用应变电测方法,对拉伸试件的应变进行测量。

(3)测试应变片的测量误差,检验应变片的粘贴效果。

三、实验工具、设备与测试仪器

(1)电阻应变片,每实验小组一包约 10 枚。

(2)低碳钢拉伸试件。

(3)应变片粘贴胶或 502 胶水。

(4)电烙铁、镊子、锉刀、砂纸等工具。

(5)排线、接线端子若干。

(6)万用表。

(7)丙酮或乙醇、脱脂棉等清洗器材。

(8)静态电阻应变仪。

(9)电子万能材料试验机。

四、实验内容及步骤

(1)先用锉刀、砂布等工具对试件待贴位置进行打磨,仔细除去锈斑、氧化皮、污垢等覆盖层,到表面平整有光泽。最后再用砂布轻轻打磨。

(2)在贴片位置用直尺、铅笔画出应变片定位线。

(3)用脱脂棉球蘸丙酮清洗待贴表面以除去油脂、灰尘等。表面清洗应至棉球没有污迹为止。

(4)先用一手捏住应变片引出线,一手拿 502 胶粘剂小瓶,将瓶口向下在应变片基底底面涂抹一层(一滴即可)胶粘剂,涂胶粘剂后立即将应变片底面向下平放在试件贴片部位上,并使应变片底基准线与试件上的定位线对齐,将一小片玻璃纸(包应变片的袋——聚四氯乙烯薄膜)盖在应变片上,用手指按压挤出多余胶粘剂(注意按压时不要将应变片移动),手指保持不动约 1min 再放开,轻轻掀开玻璃纸膜,检查有无气泡、翘曲、脱胶现象。

(5)在应变片引出线下方的试件上粘贴胶带纸(宽度大于 10mm)使引线与试件绝缘。

(6)将浮铜板制成的接线端子用胶水粘在各应变片引出线的前方。在接线端子上熔化一定量的焊锡,用镊子轻轻将应变片引出线与接线端子靠近,再用电烙铁把引出线焊在端子上。焊接要迅速,时间不能过长,焊点要求光滑,不能虚焊,多余的引出线可剪断。

(7)将导线剥出的铜丝(短端)挂上焊锡,用导线压住应变片的细引线,再将电烙铁放在接线柱上稍用力下压,待焊锡熔化后移走烙铁,保持导线不动,3~5s 焊锡凉后,焊接完成。

(8)检查应变片电阻值。将焊接好的导线与万用表的两个表笔连接测量电阻值,阻值应与粘贴前基本一致。

(9)用电烙铁熔化石蜡覆盖应变片区域,对电阻应变片进行防潮保护。

(10)待应变片粘贴胶水完全固化后,将贴好应变片的拉伸试件装载到电子万能试验机上进行拉伸,利用应变仪测出拉伸应变,并与理论计算结果进行比较,检验应变片的粘贴效果。

五、实验总结要求

实验后要求每人做一份总结,内容如下:

(1)实验工具、设备与测试仪器的名称、参数、型号、精度等。

(2)实验测试装置简图(标明本次实验使用的每个应变片的位置和编号)。

(3)详细叙述电阻应变片粘贴、焊接线、检查等主要步骤。

(4)自行设计数据记录表格,记录拉伸试件的应变电测结果,以及理论计算结果。并分析应变片的测量误差,检验应变片的粘贴效果。

(5)总结应变片粘贴的注意问题和个人体会。

六、注意事项

(1)测量应变片电阻值时,注意不要两只手都与应变片引线接触,以免将人体电阻并到应变片电阻中。

(2)焊接应变片导线时时间不要过长(一般在 3s 左右),一次没有焊好应间隔几秒钟进行补焊。

(3)一定要将测量用连接导线用胶带固定好,以免将接线端子扯掉,拽断应变片导线。

(4)焊接前,一定要将应变片导线上的残余胶粘剂清除干净,如使用 502 胶水,可直接用电烙铁短时间加热,并镀上焊锡。

(5)焊完后,电阻应变片上多余的连接导线用剪刀剪掉。

第四节　电阻应变片灵敏系数的标定实验

一、实验目的

(1)掌握电阻应变片灵敏系数的标定方法。

(2)进一步熟悉电阻应变仪的操作。

二、实验仪器和设备

(1)数字静态电阻应变仪。

(2)材料力学多功能综合实验台。

(3)标定实验梁。

(4)三点挠度仪。

(5)钢尺、游标卡尺或千分表等。

三、实验原理

电阻应变片的灵敏系数是应变片的主要技术指标之一,它直接影响着应变电测实验的测量结果的精度和准确性。一般应变片在出厂时已经进行标定,灵敏系数可以在相关参数表格中查出。如果查询不到相关参数或为了检定参数的准确性,也可以自行进行标定,具体方法及原理如下:

电阻应变片粘贴在试件上,当沿着应变片的轴线方向作用有均匀单向应力时,其电阻值的相对变化 $\Delta R/R$ 与应变 ε 之间的关系为:

$$\frac{\Delta R}{R} = K\varepsilon \qquad (3\text{-}4)$$

式中: K——电阻应变片的灵敏系数。

因此分别测出应变片电阻值的相对变化 $\Delta R/R$ 与应变 ε ,即可算出应变片的灵敏系数 K 。

应变片灵敏系数标定的实验装置如图 3-7 所示,标定实验梁为矩形截面,实验梁处于四点对称弯曲状态。三点挠度仪跨度为 L ,标定实验梁截面宽度为 B ,截面高度为 H 。

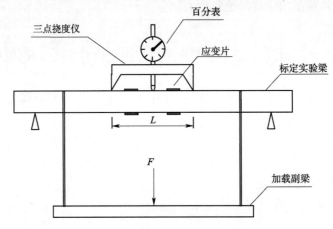

图 3-7　应变片灵敏系数标定实验装置简图

1. 轴线方向应变的测定

标定实验梁上(或下)表面的轴线应变(即所粘贴应变片承受的应变),可通过三点挠度仪来测定。利用百分表测出的挠度读数 f ,计算出标定实验梁的实际应变 ε ,计算公式为:

$$\varepsilon = \frac{Hf}{\left(\dfrac{L}{2}\right)^2 + f^2 + Hf} \qquad (3\text{-}5)$$

式中: f——高度游标卡尺(或百分表)所测挠度值;

H——梁的截面高度;

L——三点挠度仪的跨度。

式(3-5)可由材料力学相关理论推出(请自行推导)。

2. 应变片电阻相对变化 $\dfrac{\Delta R}{R}$ 的测定

电阻应变片的相对电阻变化 $\dfrac{\Delta R}{R}$ 由应变仪测出的指示应变 $\varepsilon_{仪}$ 和应变仪设定的灵敏系数 $K_{仪}$(一般 $K_{仪} = 2$),用下式计算而得:

$$\frac{\Delta R}{R} = K_{仪} \cdot \varepsilon_{仪} \qquad (3\text{-}6)$$

最后将实际测量的应变片轴线方向应变 ε 及其电阻相对变化 $\dfrac{\Delta R}{R}$ 代入公式(3-4),即可计算出应变片的灵敏系数。

此外,实验过程中可采用逐级等增量加载的方式,分别测量在不同应变值时应变片的相对电阻变化,进一步了解应变片的相对电阻变化与所受应变之间的线性关系。

四、实验方法和步骤

(1)将标定实验梁、三点挠度仪等安装在材料力学多功能实验台上。

(2)测量实验梁的有关几何参数,如截面高度 H 等。

(3)电阻应变片接线。将实验梁上、下表面4枚应变片按1/4桥接入电阻应变仪,即将工作片按序号接到应变仪 A、B 接线柱上,将温度补偿片接入公共补偿片接线柱上,再将应变仪所接各点读数预调到零点。

(4)预先加载三次(三点挠度仪读数不要超过0.25mm),观察应变仪读数是否正常。

(5)正式加载。施加初始载荷,使三点挠度仪的百分表读数为0.05mm,此时将应变仪调零。再连续逐级加载,使三点挠度仪的百分表读数为0.1mm、0.2mm、0.3mm、0.4mm、0.5mm,记录各级载荷下各应变片的读数值。必要时重复两次以上,列表记录和整理实验数据,实验数据稳定性好且误差较小时即可结束实验。

(6)做完实验后,卸掉载荷,关闭电源。整理好所用仪器设备,清理实验现场,一切复原。实验数据交给指导教师检查并确认签字。

五、实验结果的处理

(1)利用每个应变片在各级加载下的应变数据,按(3-6)式计算每个应变片的 $\frac{\Delta R}{R}$ 值。

(2)根据在各级载荷下的挠度值 f ,梁的截面高度 H ,以及三点挠度仪的跨度 L ,按式(3-5)计算 ε 值。

(3)将计算得到的4个应变片的 ε 值及其电阻相对变化 $\frac{\Delta R}{R}$ 代入公式(3-4),即可计算出应变片的灵敏系数 K 。

(4)求应变片灵敏系数的相对误差:

$$e = \frac{\mid K_{片} - K \mid}{K_{片}} \tag{3-7}$$

(5)试分析测定值产生误差的可能原因。

六、注意事项

(1)请于实验前20min打开应变仪,对应变仪进行预热。

(2)在正常测试前,先检查应变仪的读数显示,当温度漂移和零点漂移都在正常值范围内,才可继续实验。

第五节　矩形截面梁纯弯曲正应力测定实验

一、实验目的

(1)测定矩形截面梁在纯弯曲时的正应力分布。

（2）综合运用材料力学所学知识,计算矩形截面梁纯弯曲正应力理论值,并将实验值与理论计算值进行比较和分析,以验证平面弯曲理论。

（3）熟悉应变电测方法和 XL2118C 型力 & 应变综合参数测试仪的使用。

二、实验设备

（1）XL2118C 型力 & 应变综合参数测试仪。

（2）XL3418C 型材料力学多功能实验台中纯弯曲梁实验装置。

（3）电子数显卡尺、钢板尺。

三、纯弯曲正应力实验台的结构与功能

XL3418C 型材料力学多功能实验台结构简图如图 3-8 所示。实验台由实验台架体、矩形截面梁试样、加载机构、力传感器等组成。

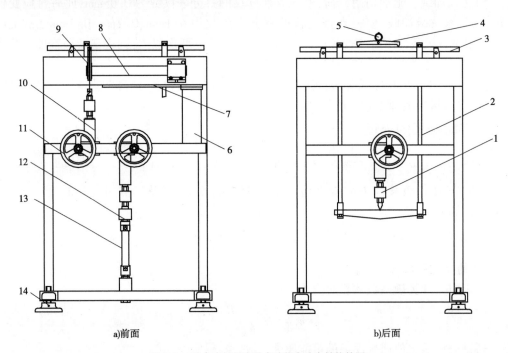

a)前面　　　　　　　　　　　　　　　　　　b)后面

图 3-8　　组合式材料力学多功能实验台结构简图

1-传感器；2-弯曲梁附件；3-弯曲梁；4-三点挠度仪；5-千分表；6-悬臂梁附件；7-悬臂梁；8-扭转筒；9-扭转附件；10-加载机构；11-手轮；12-拉伸附件；13-拉伸试件；14-可调节底盘

实验台架体结构采用封闭型钢及铸件组成。矩形截面梁试样是弹性模量为 220GPa 的钢梁。加载采用螺旋机构手动加载,逆时针转动加载机构上的手轮,施力压头即下降,给承力下梁施加向下的压力,承力下梁通过两根竖向加载杆,即给弯曲梁加载;反之则卸载。所加力值通过拉压传感器由 XL2118C 型力 & 应变综合参数测试仪的力测量功能模块显示。

四、实验原理

实验采用的矩形截面梁是弹性模量为 220GPa 的钢梁。梁简支在支座上,在分别距支座端 a 处作用两个集中载荷,此时,梁四点受力,支座处受支反力 F_{R_A}、F_{R_B},中间受两个集中力 $\Delta F/2$,由于结构对称,载荷对称,梁 CD 段上只有弯矩,没有剪力,为纯弯曲。

梁受纯弯曲时,梁纵向纤维的长度将发生改变。梁受力前,在梁的纯弯曲段某横截面处,沿梁高 h 间隔一定的距离粘贴数枚平行于梁纵向纤维的电阻应变片,如图3-9所示。梁受力后,用电阻应变仪可逐点测得各应变片粘贴处梁表面应变 ε_i,由于梁的纵向纤维之间互不挤压,故可根据单向应力状态下的胡克定律,求出上、下梁的实验应力值:

$$\sigma_{实i} = E\varepsilon_i \quad (i = 1、2、3、4、5 \text{ 测点}) \tag{3-8}$$

式中:E——矩形截面钢梁的弹性模量。

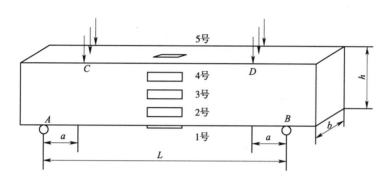

图 3-9　应变片在梁中的位置

本实验在施加初载荷后,采用逐级等增量加载的方法,每次增加等量的载荷 ΔF,测定一次所有测点相应的应变值 ε_i,然后分别计算所有测点应变值增量的平均值 $\Delta\varepsilon_{平i}$,求出所有测点的实验应力值 $\sigma_{实i}$。

由于粘贴在梁上的电阻应变片是固定不动的,相当于被测点到梁的中性层的距离 y_i 确定了,将 y_i 分别代入理论计算公式,即可求出梁上同一点的理论应力值 $\sigma_{理i}$。

把 $\sigma_{实i}$ 值与理论公式计算的 $\sigma_{理i}$ 值加以比较,从而可验证平面弯曲理论的正确性。

五、实验步骤

(1)实验台的调整。转动加载手轮使施力压头与承力下梁刚好接触,调整承力下梁水平,调整弯曲梁的支座位置,施力作用点位置等。

(2)将粘贴在弯曲梁上的电阻应变片,按多点测量,公共补偿半桥接法,接入电阻应变仪相应的接线端子,开启电源,检查仪器。

(3)调整电阻应变仪的灵敏系数,使 $K_{仪} = K_{片}$。

(4)施加初载荷前,按住"自动平衡"键约2s,调整各测点的初始平衡,使应变仪应变值显示窗口读数为零。同样按住测力模块的"清零"键约2s,使力值显示窗口读数为零。

(5)加载实验。按逐级等增量加载的方法,每次增加等量的载荷 $\Delta F = 500N$,从 $F_0 = 500N$ 到 $F_{max} = 2500N$ 分成五级加载。每加一级载荷,记录一次所有测点的应变值 $\varepsilon_{实i}$。

(6)若检查实验结果不正常,则按前述步骤重新实验,直至得到满意结果为止。

(7)实验完毕,卸掉载荷,关闭电源,拆掉导线,一切复原。

六、实验结果的处理

将实验数据整理成表格,由测得的各点应变增量 $\Delta\varepsilon_{实i}$ 的平均值 $\Delta\varepsilon_{平i}$,根据公式(3-9)计算实验应力增量:

$$\Delta\sigma_{实i} = E\Delta\varepsilon_{平i} \quad (i = 1、2、3、4、5 \text{ 测点}) \tag{3-9}$$

将给出的 y_i 值,代入弯曲梁纯弯曲正应力理论计算公式,即可得到被测点相应的理论应力值。理论值也以增量计算。

在 y-σ 坐标图中分别绘出梁的理论应力直线和实验应力点,可以看出实验点均落在理论直线附近。理论值与实验值的比较,可计算其相对误差:

$$\delta = \left| \frac{\Delta\sigma_{\text{实}i} - \Delta\sigma_{\text{理}i}}{\Delta\sigma_{\text{理}i}} \right| \times 100\% \qquad (3-10)$$

各点相对误差不应超过 10%。误差过大时,应检查是否引入了系统误差,如应变仪灵敏系数与应变片灵敏系数是否一致,导线是否接牢或是否误读数等。弯曲梁正应力的测量,由于实验中影响因素较多,误差在 10% 以内都是正常的。

第六节 薄壁圆管在弯扭组合变形下的主应力测定实验

工程中的构件,其形状和受力条件往往是复杂的,难以用理论分析准确确定任意一点的应力状态。自由表面一般为平面应力状态,但主应力及主方向是未知的。用电测实验的方法测定构件表面任一点的应力状态简单易行。本实验将学习怎样用电测实验测定一点的平面应力状态。

一、实验目的

(1)测定薄壁圆管在弯扭组合变形时被测点的主应力及主方向,并与理论计算值相比较,以验证组合变形叠加原理。

(2)学习用电阻应变花测定平面应力状态下的主应力的方法。

(3)在弯扭组合作用下,单独测出弯矩和扭矩。

二、实验设备

(1)XL2118C 型力 & 应变综合参数测试仪。

(2)XL3418C 型材料力学多功能实验台中弯扭组合实验装置。

(3)电子数显卡尺、钢板尺。

三、弯扭组合变形实验台的结构与功能

XL3418C 型材料力学多功能实验台中弯扭组合实验装置结构简图如图 3-8 所示。装置由实验台架体、薄壁圆管试样、扇形加力臂、螺旋千斤加载机构、测力传感器等组成。

实验台架体结构为封闭型钢及铸件组成。所用的试样为无缝钢管制成的空心轴,其弹性模量 $E = 206\text{GPa}$,泊松比 $\mu = 0.270$,圆管外径 $D = 40\text{mm}$,圆管内径 $d = 32\text{mm}$。加载采用螺旋机构手动加载,顺时针转动加载机构上的手轮即加载,反之即卸载。所加力值通过传感器由示力仪表显示。

四、实验原理

本实验台测量部件为一薄壁圆管,一端固定于支座上,另一端与扇形加力臂垂直固定,如图 3-10 所示。薄壁圆管自由端与测点距离 $a = 240\text{mm}$,扇形加力臂自由端到薄壁圆管轴线距离 $L = 250\text{mm}$。

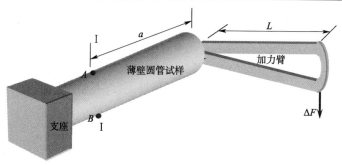

图 3-10 弯扭组合变形下的薄壁圆管

当加力臂的自由端受到集中载荷 ΔF 作用时,薄壁圆管即受弯曲和扭转组合作用,测点 A 处于平面应力状态。由弯扭组合原理可知,I-I 截面(图 3-11)上表面 A 点应力状态,如图 3-12 所示。其中各应力分量(计算时要注意应力的方向)为:

$$\Delta\sigma = \frac{\Delta Fa}{W_z} \tag{3-11}$$

$$\Delta\tau = \frac{\Delta FL}{W_p} \tag{3-12}$$

式中:W_z——抗弯截面系数;

W_p——抗扭截面系数。

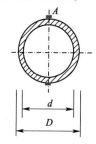

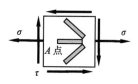

图 3-11 I-I 截面　　图 3-12 测点 A 的应力状态与应变花粘贴方位

将 $\Delta\sigma$、$\Delta\tau$ 分别代入式(3-13)和式(3-14)可计算主应力及主方向的理论值:

$$\left.\begin{array}{c}\sigma_{理1}\\\sigma_{理3}\end{array}\right\} = \frac{1}{2}\left(\Delta\sigma \pm \sqrt{\Delta\sigma^2 + 4\Delta\tau^2}\right) \tag{3-13}$$

$$\alpha_{理} = \frac{1}{2}\tan^{-1}\left(-\frac{2\Delta\tau}{\Delta\sigma}\right) \tag{3-14}$$

实验测定一点处的主应力及主方向时,采用应变电测方法,在 A 点处粘贴一枚三轴45°应变花,粘贴方位如图 3-12 所示。当薄壁圆管发生弯扭组合变形时,通过应变仪可分别测出 0°、45°、-45°三个不同方向的应变值 $\varepsilon_{0°}$、$\varepsilon_{45°}$、$\varepsilon_{-45°}$,将其分别代入式(3-15)和式(3-16),可计算主应力及主方向的实验值:

$$\left.\begin{array}{c}\sigma_{实1}\\\sigma_{实2}\end{array}\right\} = \frac{E\left(\varepsilon_{45°}+\varepsilon_{-45°}\right)}{2\left(1-\mu\right)} \pm \frac{\sqrt{2}E}{2\left(1+\mu\right)}\sqrt{\left(\varepsilon_{0°}-\varepsilon_{45°}\right)^2 + \left(\varepsilon_{0°}-\varepsilon_{-45°}\right)^2} \tag{3-15}$$

$$\tan2\alpha_{实} = \frac{\varepsilon_{45°}-\varepsilon_{-45°}}{2\varepsilon_{0°}-\varepsilon_{45°}-\varepsilon_{-45°}} \tag{3-16}$$

本实验仍采用逐级等增量加载的方法,每次增加等量的载荷 ΔF,测定一次三个不同方向的应变值,分别计算各方向应变值增量的平均值 $\Delta\varepsilon_{\text{平}_\alpha}$,代入实验计算公式,求出主应力的大小和方向。

五、实验步骤

(1)将六个不同方向的电阻应变片,按多点测量,公共补偿半桥接法,接入电阻应变仪的接线端子,开启电源,检查仪器。

(2)调整灵敏系数,使 $K_{\text{仪}} = K_{\text{片}}$。

(3)按住"自动平衡"键约 2s,仪器自动调整测点各方向的初始平衡,使电阻应变仪应变值显示窗口读数为零。

(4)加载实验。按逐级等量加载的方法。每次增加等量的载荷 $\Delta F = 100\text{N}$,从 $F_0 = 100\text{N}$ 到 $F_{\max} = 500\text{N}$ 分成五级加载。每加一级载荷,记录一次 A、B 两枚应变花的三个不同方向的应变值 ε_α。

(5)若检查实验结果不正常,则按上述步骤重新实验,直至得到满意结果为止。

(6)实验完毕,卸下载荷,关闭电源,拆掉导线,一切复原。

六、实验结果的处理

由测得的各方向应变增量 $\Delta\varepsilon_\alpha$ 的平均值 $\Delta\varepsilon_{\text{平}_\alpha}$,计算实验应力增量:

$$\left.\begin{array}{r}\Delta\sigma_{\text{实}1}\\\Delta\sigma_{\text{实}3}\end{array}\right\} = \frac{E(\Delta\varepsilon_{-45^\circ\text{平}} + \Delta\varepsilon_{45^\circ\text{平}})}{2(1-\mu)} \pm \frac{\sqrt{2}E}{2(1+\mu)}\sqrt{(\Delta\varepsilon_{-45^\circ\text{平}} - \Delta\varepsilon_{0^\circ\text{平}})^2 + (\Delta\varepsilon_{0^\circ\text{平}} - \Delta\varepsilon_{45^\circ\text{平}})^2}$$

$$(3\text{-}17)$$

$$\alpha_{\text{实}} = \frac{1}{2}\tan^{-1}\left(\frac{\Delta\varepsilon_{45^\circ\text{平}} - \Delta\varepsilon_{-45^\circ\text{平}}}{2\Delta\varepsilon_{0^\circ\text{平}} - \Delta\varepsilon_{-45^\circ\text{平}} - \Delta\varepsilon_{45^\circ\text{平}}}\right) \tag{3-18}$$

理论值也以增量的形式计算:

$$\left.\begin{array}{r}\Delta\sigma_{\text{理}1}\\\Delta\sigma_{\text{理}3}\end{array}\right\} = \frac{1}{2}\left(\Delta\sigma \pm \sqrt{\Delta\sigma^2 + 4\Delta\tau^2}\right) \tag{3-19}$$

$$\alpha_{\text{理}} = \frac{1}{2}\tan^{-1}\left(-\frac{2\Delta\tau}{\Delta\sigma}\right) \tag{3-20}$$

理论值与实验值的比较,可计算其相对误差:

$$\delta = \left|\frac{\Delta\sigma_{\text{实}} - \Delta\sigma_{\text{理}}}{\Delta\sigma_{\text{理}}}\right| \times 100\% \tag{3-21}$$

由于实验中存在各种因素的影响,误差在 10% 以内都是正常的。误差过大时,应检查是否引入了系统误差,如应变仪灵敏系数与应变片灵敏系数是否一致,导线是否接牢或是否存在误读等。

第七节　压杆稳定实验

一、实验目的

(1)观察细长矩形截面中心受压杆件丧失稳定的现象。增加对压杆承载及其平衡状态的感性认识。

（2）加深理解理想压杆是实际压杆的一种抽象，并正确认识二者之间的联系与差别。

（3）亲身感受和实际测量，在不同支承条件（约束）下，对同一压杆承载能力的显著影响。

二、实验设备

（1）YJK4500 电阻应变仪。

（2）DWD—3B 型多功能压杆稳定实验台。

三、压杆稳定实验台的结构与功能

DWD—3B 型多功能压杆稳定实验台结构简图如图 3-13 所示。本装置由实验台台体、多功能弹性压杆试样和上、中、下三套支座组成。

实验台台体：由底板、顶板和四根立柱构成加力架。地脚调平螺栓装在底板右后方。在顶板上安装了加力和测力系统。采用螺旋加力方式，拧紧顶部的加力旋钮使丝杠顶推压头向下运动，即可对试样施加压力。测力传感器中的弹性敏感元件置于丝杠与压头的芯轴之间。粘贴于弹性元件上的电阻应变片联结成全桥电路，输出的力学量 F 借助于电阻应变仪显示。位移的测量，通过与加力丝杠相连的轴向位移刻度环直接读取，轴向位移刻度环顺时针每转动一圈，轴向位移下降 1mm。

弹性压杆试样，如图 3-14 所示。压杆和托梁均由高强度弹簧钢制成，故允许变形量很大。压杆的初曲率极小（$\delta/L \leqslant 1/10000$）。试样的截面尺寸和各种支承条件下压杆计算长度的确定，参考图中的有关尺寸（L_i）。

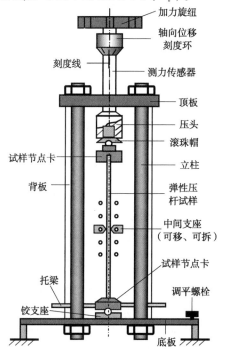

图 3-13　DWD-3B 型多功能压杆稳定试验台

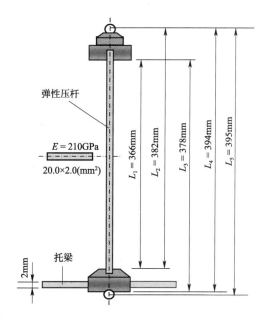

图 3-14　弹性压杆试样及有关尺寸

实验台配备有：上铰支座（滚珠帽）、中间支座卡和下铰支座。实验时，压杆可供选择的上、中、下各种支承及组合方式，如图 3-15 所示。

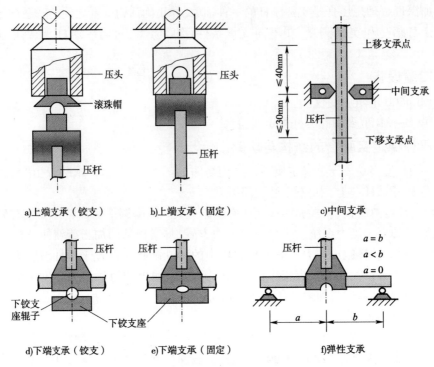

a)上端支承（铰支）　　　b)上端支承（固定）　　　c)中间支承

d)下端支承（铰支）　　　e)下端支承（固定）　　　f)弹性支承

图 3-15　可供选择的支承方式示意图

四、实验操作

1. 实验台及应变仪的调整

（1）调整底板调平螺栓（右后角），使台体稳定。按实验设计方案，安装、调整支座。

（2）将测力传感器的引出线，按引线的标志，分别接入应变仪的 A、B、C、D 四个接线端子。

（3）松开加力旋钮。调整应变仪平衡旋钮，使读数显示为零。应变仪的 K 值已标定，请不要随意拧动。当旋转加力旋钮再出现数值时，即为力值 F，单位为牛顿（N）。

2. 定性实验观察与思考

选定实验方案，按图 3-15 仔细安装、调整支座，并检查是否符合设计的支承条件。

开始实验：转动加力旋钮，反复观察试样变形现象及弹性曲线特征。体会加力时手的感觉，注意有无突然松弛、试样突然变弯、仪器读数（压力）突然下降等现象？若有，则是试样从相对的直线状态平衡瞬间跳至微弯状态平衡。再继续旋转加力旋钮时注意观察，应变仪的读数显示与此前有何变化等。反复数次，感受这类现象。

思考与讨论

（1）在整个加载过程中，压杆平衡状态的性质（状态的稳定性）有何变化？如何解释平衡状态"跳跃"的机理？为何在有的约束条件下又没有这种现象？

（2）仔细对比每次出现的峰值 F_{max}，可见到该值是不稳定的，有时甚至差别很大，为什么？它是否对应于理想压杆的 $F_{cr实}$？

（3）试样压弯之后，尽管不断地强迫试样增加变形量，但载荷，或者说试样的抗力却变化不大。能否说明在这种"变形式试验机"上的压杆,弯曲后的平衡状态仍是稳定的?

(4)在你所选择的支承条件下,压杆长度 L 是多少?应取何值才比较合理?其原则是什么?(参见图 3-14)

3.定量实验与思考

重新仔细调整试件的安装,确认它符合设计的支承状态。

作好位移与压力读数的记录。

轴向位移零点的确定:先松开加力旋钮,检查应变仪读数是否为零;缓慢旋转加力旋钮,当应变仪读数窗口出现读数时(应加少量初载荷,15N 左右即可),然后,转动轴向位移刻度环,使零与刻度线对齐。顺时针转动加力旋钮,每转动一小格,轴向位移下降 0.02mm 。

加载:实验时,初始几级载荷,位移级差旋进的刻度要小;待试样明显弯曲后,位移级差旋进便可大幅度放大,以提高效率。

在加载-读数过程中,如发现连续加载 2 ~ 3 次,应变仪读数几乎不变,再加载时,应变仪读数下降或上升,说明压杆的临界力已出现,即可停止加载。

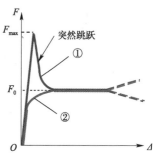

图 3-16 F-Δ 曲线的可能形态

在坐标纸上绘出压力—位移曲线(F-Δ 曲线)。该曲线可能有图 3-16 所示的①、②两种形态。

F 为应变仪读数,单位为 N 。

Δ 为轴向位移,单位为 mm 。

思考与讨论

由图 3-16 可见,在曲线①中,实验中的压杆可能出现两个特征压力值 F_{max} 和 F_0 ,那么究竟何值是与理想压杆临界力 $F_{cr理}$ 相对应的实验压杆临界力 $F_{cr实}$?为什么?

五、注意事项

(1)实验完毕,应放松加力旋钮,不使压杆受力,并恢复来时状态,即无单独的零件。即可防止零件丢失,也是对下一组学生作安装示范。

(2)保护传感器引出线,以防损坏。

第四章 提高型实验

第一节 等强度梁实验

一、实验目的

(1)进一步巩固电阻应变仪的使用,以及熟练掌握电阻应变片测量应变的原理。

(2)测定等强度梁上已粘贴应变片处的应变,验证等强度梁各横截面上应变(应力)相等。

二、实验仪器和设备

(1)静态数字电阻应变仪。

(2)材料力学多功能实验台。

(3)预先贴好应变片的等强度梁试件。

(4)钢板尺、电子数显卡尺等。

三、实验原理

等强度梁实验装置如图 4-1 中所示,梁上表面和下表面共对称粘贴有四枚电阻应变片。等强度梁材料为高强度铝合金,其弹性模量 $E = 72\text{GPa}$。等强度梁尺寸如图 4-2 所示。

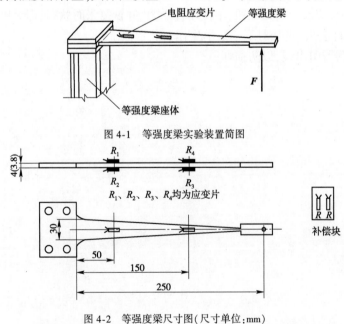

图 4-1 等强度梁实验装置简图

图 4-2 等强度梁尺寸图(尺寸单位:mm)

由梁的弯曲正应力计算公式：

$$\sigma = \frac{M(x)}{W_z} \tag{4-1}$$

式中：$M(x)$——梁的截面弯矩；

　　　W_z——梁的抗弯截面系数。

对于悬臂梁而言，弯矩最大截面在悬臂端，自由端的弯矩为零。随着弯矩的变化，如果悬臂梁的截面尺寸不变，则各截面的最大正应力不相等。当悬臂端的最大正应力达到材料的许用应力时，自由端还远未达到许用应力，材料的强度没有被充分利用。若悬臂梁的抗弯截面系数与截面弯矩成正比，则可以保证当悬臂端达到材料的许用应力时，梁上各个截面也同时达到许用应力，材料的强度达到充分利用。

于是，变宽度等截面梁的宽度变化可用如下公式表示：

$$b(x) = \frac{6M(x)}{\sigma h^2} \tag{4-2}$$

以下步骤验证当梁的宽度变化满足上式时，梁上各个截面的最大正应力相等。

四、实验方法和步骤

(1)测量等强度梁的有关尺寸，确定试件有关参数。

(2)应变片接线。采用多通道1/4桥接线法，将等强度梁上四个应变片分别接在应变仪接线区的 1 ~ 4 号通道的接线柱 A、B 上，温度补偿片上的应变片接在公共温度补偿接线柱上。

(3)设置应变仪参数及选择桥路。调整电阻应变仪的灵敏系数，使 $K_{仪} = K_{片}$，以及应变片的电阻值设置，选择1/4桥测量方式。

(4)初始数据清零。载荷为零时，按"自动平衡"键，将应变仪每个通道的初始显示应变数据置零。

(5)检查及试车。检查以上步骤完成情况，然后预加一定载荷(小于10N)再卸载，并观察应变仪读数变化情况，以检查应变仪是否处于正常状态。

(6)进行实验。采用逐级等增量加载的方法，将载荷加至初始载荷，记下此时应变仪的读数。然后逐级等增量加载，读取各级载荷作用下的读数应变。将数据记录于实验报告相应的表格中。

(7)实验至少重复四次，如果数据稳定，重复性好即可结束实验。

(8)作完实验后，卸掉载荷，关闭电源，拆下应变片导线，将所用仪器设备复原。实验资料交指导教师检查签字。

五、实验结果的处理

(1)以表格形式处理实验结果，根据实验数据计算各测点在增量载荷作用下的实验应力增加值，并计算出理论应力增加值；计算实验值与理论值的相对误差。

(2)比较实验值与理论值，理论上等强度梁各横截面上最大弯曲正应力(应变)应相等。

(3)验证变宽度等强度梁的宽度变化规律满足公式(4-2)。

(4)分析实验测试结果的误差。

六、注意事项

（1）请于实验前20min打开应变仪，对应变仪进行预热。

（2）在正常测试前，先检查应变仪的读数显示，当温度漂移和零点漂移都在正常值范围内，才可继续实验。

（3）实验过程中，应严格按照设计方案进行加载，不可超载。

（4）实验过程中，不要用力拉扯导线，保护好应变片。

（5）不能随便乱动实验室内与本次实验无关的其他实验仪器设备。

第二节　可变夹角的桁架单元实验

一、实验目的

（1）观察桁架的力学行为随着构形（如桁架中杆件的夹角）的改变而发生急剧变化的现象。

（2）定量计算桁架杆件的夹角改变时结构的刚度，分析刚度发生变化的特征。

（3）根据实验曲线，分析桁架杆件的夹角发生改变时结构的线弹性与非线弹性特征。

（4）熟悉测试仪器的使用，培养学生的动手能力。

二、实验仪器和设备

（1）多功能力学实验平台。

（2）桁架单元实验装置。

（3）机电百分表。

（4）数字静态电阻应变仪。

（5）水平尺、钢板尺、电子数显卡尺等。

三、实验原理

桁架单元实验装置的构造形式如图4-3所示。两根桁架杆件为$2mm \times 8mm$的矩形截面试件，两侧已贴好两片电阻应变片，其电阻值为120Ω，应变片作串联连接，以消除偏心影响。试件材料为弹簧钢，弹性模量$E = 204GPa$，两端均有销孔，用中间节点板串联，两端铰接于外框架上。外框架外形尺寸：$500mm \times 340mm \times 100mm$，框架杆件断面$40mm \times 40mm$，框架刚度非常大，可以认为是不变形的刚体。左端$A$支座固定，右端$B$支座销接于可调铰接杆上，位置可沿水平方向调节。当铰接杆伸出段较长（桁架杆件的倾角$\alpha \geqslant 30°$）时，需加一临时支柱，以提高其刚度。该桁架单元实验装置可安装于多功能力学实验平台的底板定位槽中，通过一根可调节长度的直杆加载。

实验过程中，节点位移可通过电阻应变式位移传感器（机电百分表）测量，杆件轴向应变可通过电阻应变仪测量，以上数据均可借助数据自动采集系统完成。通过调节支座B的位置，可改变实验杆件的倾角α，从而构成一个可调夹角的桁架单元。基于实验软件绘制的载荷—节点位移曲线及记录的相关数据，可对桁架结构的刚度进行计算，分析桁架结构随着杆件的夹角发生改变时的线弹性与非线弹性特征。通过本次实验，使学生能亲自体验同一形式的结构（如桁架），其力学行为会随着构形（如桁架中杆件的夹角）的改变而发生急剧的变化(由大刚度结构转化为小刚度结构、由线弹性结构转化为非线弹性结构)的力学现象。

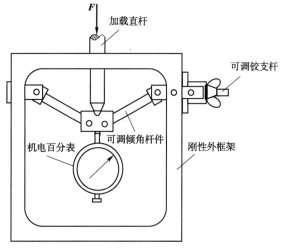

图 4-3 可调夹角的桁架单元实验装置简图

四、实验方法和步骤

(1)阅读桁架单元实验装置的使用说明书和实验指导书,了解实验的具体内容,熟悉仪器操作规程,并留意有关注意事项。

(2)检查实验装置的平稳状况。如不平稳,可通过实验平台底板上的调节螺栓按使用说明书进行调整。

(3)实验开始前,应事先标定并调整好仪器的力、位移传感器和应变测量模块。

(4)将试件上的应变片和温度补偿片的导线接入电阻应变仪。打开电源,启动计算机。运行实验程序,并设置好相关参数。

(5)分别调整各个测量模块的"调零"开关,使初始读数为零。

(6)将桁架杆件的倾角调整为 45°。

(7)装上调节杆上的销子,并使桁架单元位于铅垂平面,拧紧螺母,在可调铰接杆端安装临时支柱。装上加载直杆,调节好长度,拧紧螺母,使其两端刚好顶入中间节点板和滚珠座的定位窝,勿使其受力。调整框架,使加载直杆保持铅垂方向。

(8)安装机电百分表。安装时,宜施加一定的载荷,安装完毕,再松旋钮,降低载荷。

(9)试加载几次,仔细检查仪器工作是否正常。

(10)正式加载实验:顺时针转动加力旋钮进行加载,按照逐级等增量加载的方法,每次增加合适的等量的载荷,从初载荷 $F_0 = 200\text{N}$ 加到最大载荷 $F_{\max} = 1200\text{N}$。每加载一次,停顿 2s 以等待实验软件采集实验数据、自动记录数据和绘制实验曲线。

(11)分别变换桁架杆件的倾角为 30°、20°、5°、0°,重复步骤(7)~(10)。

(12)自行设计实验报告,对实验数据进行处理,并分析随着桁架中杆件夹角的改变结构的刚度特征、线弹性特征与非线弹性特征等。

五、实验结果的处理

(1)计算桁架杆件的轴力 F_N 和节点位移 Δ 的理论值,用计算机或手工(用坐标纸)绘出 $F\text{-}F_N$ 及 $F\text{-}\Delta$ 曲线,并与实验结果进行对照。

（2）对照比较、分析桁架中杆件夹角的大小对理论值与实验值之间的误差的影响（放在同一张坐标图中对比），试作出解释。

（3）检查、分析小夹角桁架单元实验中数据增量的变化趋势（借助 $F\text{-}\Delta$、$F\text{-}F_N$、$F\text{-}\varepsilon$ 曲线），分析结构刚度与载荷（或位移）大小之间的关系。

（4）思考小夹角情形时的平衡条件应建立在刚体上，还是弹性体上（即是否考虑变形）。利用迭代法求解超越方程，对小夹角情形作非线性理论分析。

六、注意事项

即使在相同条件下的多次实验，每次测量的初值也会有所变化，从而导致整组数据的"浮动"，各曲线没有共同的起点。为便于比较，宜以读数差的累加值替代原来的数据。实验过程中，加初始载荷（200N）时，按"零点平衡"键，软件所采集的各次"读数"，实际均为扣除了初值的读数。理论计算时，也应以增量进行计算。

七、分析与思考

（1）从力学和工程应用的角度，审视桁架结构中杆件的夹角，怎样才是合理的？

（2）在实验过程中，桁架的截面应力未超出弹性极限，构件材料始终是线弹性的。试分析随着桁架中杆件的夹角的改变，桁架由线弹性结构转化为非线弹性结构的本质。

第三节　钢架与桁架实验

一、实验目的

（1）利用理论方法，计算并画出钢架的弯矩图。

（2）测量钢架截面的弯矩，并与理论值进行比较。

（3）分别计算不考虑桁架结构中节点的刚度和考虑节点刚度时杆件的轴力。

（4）测量桁架的轴力，并与理论值进行比较。

（5）理解力学计算简图与实际结构的关系。

二、实验仪器和设备

（1）多功能力学实验平台。

（2）刚架—桁架实验装置。

（3）钢板尺、电子数显卡尺等。

三、实验原理

刚架与桁架是两种不同性质的结构，前者是客观存在，而后者则只是一种简化模型。因为实际工程中的桁架结构几乎没有真正的铰接点，甚至节点刚度还很大。本实验的装置为一个可互相转换的双框式刚架—两节点桁架（指简化后的模型）的实验结构（图 4-4）。

钢架结构与桁架结构的转换，只需增减一对斜杆便能实现（斜杆两端的螺纹分别为左旋、右旋，拧动斜杆，即能调节松紧）。拧进节点卡下方的紧定螺栓，还可加预应力。实验装置的构造形式、尺寸及应变片布置如图 4-4 所示。利用托架、支座（有扶正功能）、加载直杆等附件,可以将该实验装置安装在多功能力学实验平台上并加载测试。实验过程中,各测点的应变通过应变自动采集系统实现测量、记录,并能自动绘制曲线图($F\text{-}\Delta$ 图、$F\text{-}\varepsilon$ 图)。

1. 刚架实验

刚架结构的计算简图如图 4-5 所示,平面刚架(双联框)面内受力,是一个六次超静定问题。若充分利用对称性条件,且不计轴力、剪力对形变的影响,则上下水平杆传递相同大小的剪力,于是可确定边柱轴力为 $F/4$,并考虑到其形变状态特征(图 4-5),则其最简单的静定基本结构(相当系统),如图 4-6 所示。这样,本问题就可按照简化后的一次超静定问题计算。由边柱中点 A 的水平位移为 0,解得 $X_1 = 3F/14$。由此可计算并绘出弯矩图,如图 4-7 所示。

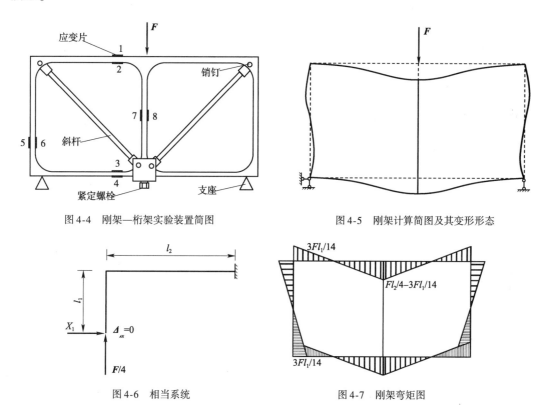

图 4-4　刚架—桁架实验装置简图　　　　　图 4-5　刚架计算简图及其变形形态

图 4-6　相当系统　　　　　图 4-7　刚架弯矩图

所测得的刚架各截面的表面应变,可以分离成为分别与弯矩、轴力相对应的应变 ε_M、ε_N,如图 4-8 所示。对于线弹性问题,实验值均应按平均增量计算。为提高其可信度,还应采用多次测量的平均增量计算。

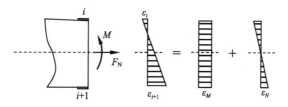

图 4-8　杆件表面应变及其分离

2. 桁架实验

不考虑桁架结构中节点的刚度时计算简图如图4-9所示,利用相关力学理论计算杆件的轴力。

如果考虑结构中节点的刚度,此时的结构实际上应属于刚架结构,其计算简图如图4-10所示。利用相关力学理论计算杆件的轴力,同时计算截面弯矩并分析其特点。

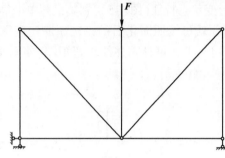 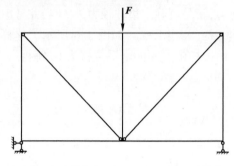

图4-9　桁架计算简图　　　　　图4-10　考虑结构中的节点刚度时的力学计算简图

将实验值分别与上述不考虑桁架结构中节点刚度和考虑节点刚度时杆件的轴力进行比较分析,考察相对误差的大小。通过对此作一番理论计算、实际测量、对比、分析和思考,加深对结构简图及其条件性的理解。这既是力学知识的实际应用和实践技能的训练,也是一类重要的工程知识储备。

四、实验方法和步骤

(1)预习实验指导书,了解实验的具体内容。阅读相关实验装置的使用说明书,熟悉仪器操作规程。

(2)检查实验装置的平稳状况。如不平稳,可通过实验平台底板上的调节螺栓按使用说明书进行调整。

(3)按照仪器面板上的标记,接好力传感器、机电百分表、计算机并口电缆,将温度补偿片和各测点应变片引出线接入应变仪相应通道。

(4)打开实验软件,并设置相关参数。

(5)刚架实验:

①安装刚架结构实验装置。为简化安装操作,只需松开紧定螺栓,取下斜杆上的一个销栓,斜杆即退出工作(不要取下斜杆,更不要动斜杆上的锁紧螺母),图4-4所示的"桁架"即变成刚架。安装托梁使之卡入实验台底板定位槽内定位(安装时注意保护应变片和导线)。将结构框架的两端插入支座的夹持槽中并正确定位。调节加载直杆长度,拧紧锁定螺母,使大头插入实验台压头的底孔中定位,下端滚珠顶入框上的中心窝内,并使直杆铅垂。

②试加载。施加较小的载荷,熟悉实验操作,观察 $F\text{-}\Delta$ 与 $F\text{-}\varepsilon$ 曲线及其变化趋势,检查仪器设备的安装状态和进行必要的调整。

③正式加载实验。对于刚架实验,因结构承载力较低,应控制 $F_{max}=800\text{N}$。逐级等增量施加载荷,并记录相关实验数据。反复测试几次,取多次测试增量的总平均值,作为实测结果。

(6)桁架实验:

①安装桁架结构实验装置。只需恢复前面实验中拆下来的销栓,收紧紧定螺栓,桁架即

成为静定桁架模型。

②试加载。安装调试完毕后反复试压几次,认真观察结构变形状态。检查系统工作是否正常,亲身感受一下它与前面的刚架结构巨大差异(如刚度),获取感性知识。

③正式加载实验。对于桁架实验,控制最大载荷不超过1800N。逐级等增量施加载荷,并记录相关实验数据。反复测试几次,取多次测试增量的总平均值,作为实测结果。

(7)实验完毕,务必卸载,以保护实验装置。将实验台收拾干净整洁。

(8)完成实验报告。

五、实验结果的处理

(1)将实验数据记录在表4-1和表4-2中,并计算相应的实验值与理论值。

刚架结构实验数据记录表　　　　表4-1

截面编号	1-2		3-4		5-6		7-8		中节点位移平均值
应变测点编号	1	2	3	4	5	6	7	8	
测点应变平均值									
理论值 $\Delta F_N(N)$									
理论值 $\Delta \sigma_N(MPa)$									
理论值 $\Delta M(N \cdot m)$									
理论值 $\Delta \sigma_M(MPa)$									
实测值 $\Delta F_N(N)$									
实测值 $\Delta \sigma_N(MPa)$									
实测值 $\Delta M(N \cdot m)$									
实测值 $\Delta \sigma_M(MPa)$									
轴力相对误差									
弯矩相对误差									

桁架结构实验数据记录表　　　　表4-2

截面编号	1-2		3-4		5-6		7-8		中节点位移平均值
应变测点编号	1	2	3	4	5	6	7	8	
测点应变平均值									
理论值 $\Delta F_N(N)$									
理论值 $\Delta \sigma_N(MPa)$									
理论值 $\Delta M(N \cdot m)$									
理论值 $\Delta \sigma_M(MPa)$									
实测值 $\Delta F_N(N)$									
实测值 $\Delta \sigma_N(MPa)$									
实测值 $\Delta M(N \cdot m)$									
实测值 $\Delta \sigma_M(MPa)$									
轴力相对误差									
弯矩相对误差									

（2）分析表 4-1 和表 4-2 中的结果，分别比较弯曲内力的实测值与理论值的误差、轴力的误差，请认真考察实验结果有何特点，试探究其原因。

（3）分析表 4-1 和表 4-2 中的结果，注意实测值中的弯曲应力（就是在以往的简化计算中未计入的桁架杆件的"次应力"的实测值），计算其与平均应力的比值，讨论它是否可以忽略不计。

六、分析与思考

（1）实际的桁架结构中几乎没有真正的铰接点，甚至节点刚度还很大，而在力学计算中常忽略节点刚度，将其简化为铰接点。那么，这种将原来并非铰接甚至刚性的节点简化为铰接意味着什么？它与真实结构到底有多大的差异？

（2）安装桁架实验装置时，只需恢复前面刚架实验中拆下来的销栓，收紧紧定螺栓，即成为静定桁架模型。为什么结构增加了两个约束，反倒变成"静定的结构"？

第四节　曲梁与拱实验

曲梁和拱是土木工程中常见的承力结构，两者在刚度和承载力上存在巨大差异。在本实验中，设法集二者于同一实验，让学生对照二者承载力和变形的强烈反差，从而认识曲梁与拱的基本属性。从其弯矩、轴力的消长的悬殊对比中，理解二者的本质的区别。明白为何通常称前者为抗弯结构，后者为推力结构。理解在拱的设计与施工中，为何对拱趾的基础有那么严格的要求。

一、实验目的

（1）认识曲梁与拱的基本属性，理解二者存在本质的区别。

（2）理解约束条件与构件承载力的关系，理解超静定结构与静定结构的显著差异。

二、实验仪器和设备

（1）多功能力学实验系统中的曲梁与拱结构部分。

（2）机电百分表。

（3）数字静态电阻应变仪。

（4）水平尺、钢板尺、电子数显卡尺等。

三、实验原理

本实验装置如图 4-11 所示，试件为弹簧钢制（60SiMn）的矩形断面圆弧形曲杆，曲杆截面尺寸 $20\text{mm} \times 4\text{mm}$，弹性模量 $E = 210\text{GPa}$，圆心角为 $120°$，轴线半径为 200mm。拱顶有承载座，两侧拱腰的 $30°$ 对称截面 C、D 处贴有电阻应变片，供测定其轴力和弯矩之用。两拱趾接头片上安有水平托板，供安装测定角位移的百分表之用。拱趾通过辊轴压在两个铰支座上，形成可相对转动而不能错开的铰接状态。铰支座置于方钢管制成的底梁上，其两端装有止推座。调整推力顶丝，提供（或解除）铰支座的移动约束。

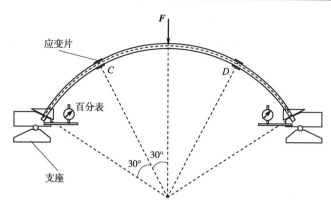

图4-11　曲梁与拱实验装置图

实验时,将本装置安装于多功能力学实验平台正中,装上加载直杆,调节好杆件长度,即可进行实验。力值测量利用多功能力学实验平台自带的测力传感器,应变测量(共4片)可借助应变数据自动采集系统完成。所有测量数据均可以传送给电脑,通过实验软件采集、记录和处理。

在实验中,通过改变对拱趾部的约束条件,可分别做简支曲梁(静定)、二铰拱(一次超静定)、无铰拱(三次超静定)等实验。还可做小位移和大位移两种不同状态下的实验。对于小位移状态的实验,要求全面记录实验数据并进行定量分析;而大位移状态的实验,所牵涉的问题比较复杂(属于几何非线性),可以只作反复的观察和定性分析,并讨论、研究大位移与小位移的区别与联系。

四、实验方法和步骤

(1)预先阅读仪器使用说明书和实验指导书,了解实验的具体内容,熟悉仪器操作规程。

(2)通过实验平台底板上的调节螺栓将实验装置调整平稳。

(3)将实验仪器的力、位移传感器和应变测量模块事先标定并调整好。

(4)将试件上的应变片和温度补偿片接入电阻应变仪。

(5)打开电源,启动计算机。运行实验程序,并设置好相关参数。

(6)调整各个测量模块的"调零"设置,将初始读数清零。

(7)拱实验:

①实验安装。只需松开两头的紧定螺栓,调整推力螺栓,使两拱趾能自由转动,但不能向外移动,形成一个二铰拱(一次超静定结构)。检查支座安装是否妥当,在加载之前推力顶丝是否顶上。退回实验台的加力旋钮,上推压头使其肩部抵到顶板。以此净空尺寸调节和安装加载直杆,以保证足够的行程。并调整机电百分表下的调节螺栓,使指针读数最大。必要时,还需松开安装机电百分表锥形卡座的螺母(推上即松),以便调整百分表的安装高度。

②检查仪器状态。在正式实验和记录之前,应预压几遍,既是练习,也是定性实验,需仔细观察试件的变形形态及其变化,还可检验实验安装状态和仪器、仪表工作是否正常。

③加载顺序。按照逐级等增量的方法进行加载,小位移状态实验、大位移状态实验分别按以下顺序进行加载:a. 小位移实验初始载荷为 $F_0 = 100N$,分六级加载,级差 $\Delta F = 100N$,最大载荷为 $F_{max} = 600N$;b. 大位移实验初始载荷为 $F_0 = 100N$,分六级加载,级差 $\Delta F = 300N$,

最大载荷为 $F_{max} = 1600N$。

④内力测量。拱圈上偏角 30°的拱腰 C、D 截面处,内外表面各贴一片应变片。用四分之一桥接法,分别测量两截面的内外侧的应变 ε_i 和 ε_e,并记录在实验报告上。

⑤位移测量。利用三个百分表,分别测量拱顶挠度(也可用实验平台上的位移传感器测量)和两个拱趾的转角,并记录在实验报告上。

(8)简支曲梁实验:

①实验安装。基本同前,拆除其两端的水平位移约束,加装测量其水平位移的百分表。在铰支座下垫好减摩垫片,保证润滑良好。此时,还要妥善处理因两侧阻力不同而致位移不对称的问题。

②检查仪器状态。预压几遍,仔细观察试件的变形及其变化,检验实验装置的安装状态和仪器、仪表工作是否正常。

③加载顺序。按照逐级等增量的方法加载,按以下顺序进行:初始载荷为 $F_0 = 50N$,分六级加载,级差 $\Delta F = 50N$,最大载荷为 $F_{max} = 300N$。

④内力测量同拱实验。

⑤位移测量同拱实验。

五、实验结果的处理

(1)根据试件内侧、外侧的应变测量结果,计算相应的轴力值及弯矩值。轴力 F_N 对应的应变 ε_N 与弯矩 M 对应的应变 ε_M 分别为:

$$\varepsilon_N = \frac{\varepsilon_i + \varepsilon_e}{2} \tag{4-3}$$

$$\varepsilon_M = \frac{\varepsilon_i - \varepsilon_e}{2} \tag{4-4}$$

试件的截面轴力 F_N 为:

$$F_N = EA\varepsilon_N = EA\frac{\varepsilon_i + \varepsilon_e}{2} \tag{4-5}$$

试件的截面弯矩 M 为:

$$M = EW\varepsilon_M = EW\frac{\varepsilon_i - \varepsilon_e}{2} \tag{4-6}$$

(2)记录、整理与分析拱顶挠度和两个拱趾的转角的实验测量结果。

(3)绘出 F-M、F-F_N 曲线以及载荷 F 与拱顶挠度和两个拱趾的转角的关系曲线,并与相应的理论值进行对照。实验值和理论值均需附上计算说明书。

(4)大位移状态实验的目的在于考察其平衡状态随着变形的增大有何倾向性的变化,即考察不同状态下外力、内力及位移之间的关系有何区别或变化趋势。只做定性观察,不做定量分析。

六、分析与思考

(1)根据约束与受力特征,思考曲梁与拱的本质区别是什么?

(2)通过分析比较本次实验中拱结构的弯曲应力与截面平均应力的比值,阐释"拱是受压结构"这句话的含义。

(3)思考在什么情况下才能使拱结构的所有截面弯矩都为零?

第五节 静定与超静定三角结构电测实验

三角形结构是工程中常用的一种结构形式。一般来说,结构中的横梁主要承受弯矩,同时也可能承受轴力。根据斜杆两端的约束条件的不同,斜杆的受力情况也会存在明显差异。在本实验中,通过设置不同的杆端约束和横梁约束,可以将实验装置组装成静定和超静定两种结构形式。利用应变电测方法分别测量横梁、斜杆的内力分布,对照静定和超静定二者的强烈反差,理解二者的本质的区别,从而认识约束形式对结构内力的影响。

一、实验目的

(1)测试三角架横梁在悬臂梁状态下(固定端支座,去掉斜杆支撑)的弯矩分布。

(2)测试三角架横梁在简支梁状态下(支座约束为铰支座,并安装斜杆支撑)沿横梁轴向的轴力及弯矩分布。

(3)测试三角架横梁在超静定状态下(支座约束为固定端支座,并安装斜杆支撑)沿横梁轴向的轴力及弯矩分布。

(4)理解约束形式与构件内力的关系,理解超静定结构与静定结构的显著差异。

二、实验仪器和设备

(1)数字静态电阻应变仪。

(2)三角架结构实验装置。

(3)钢板尺、电子数显卡尺等。

三、实验原理

三角架结构实验装置如图4-12所示,横梁为工字钢截面梁,横梁与立柱之间有固支、铰支两种连接方式。在结构上共粘贴有三组应变片,第一组为横梁的上、下表面各自等间距地粘贴有五枚应变片,用于测量横梁的内力分布;第二组为工字钢腹板的中心位置两侧各贴有一枚三轴45°应变花,用于测量截面形心位置处的应力状态;第三组为斜杆的中间部分的表面上粘贴有四枚轴向应变片,由于测量斜杆的内力。

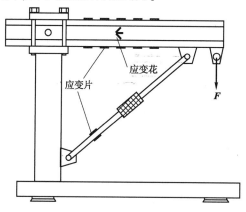

图4-12 三角架结构实验装置图

横梁左侧的支座形式可根据实验方案调整。拔出中间圆孔的销栓,拧紧四个紧定螺栓时为固定端支座。插上销栓并松开紧定螺栓则为铰支座。斜杆上安装有双头螺纹的拉紧螺栓,在超静定结构实验时可以施加预应力。在本实验中,分别测量和比较横梁在悬臂梁状态下、简支梁状态下和超静定状态下的弯矩及轴力分布,认识超静定结构与静定结构的差异,理解约束形式对结构承载力的显著影响。其中对预应力实验不做要求,学有余力的学生可以设计相应的实验方案,探索预应力对结构内力分布、结构承载力的影响。

四、实验方法和步骤

(1)预先阅读仪器使用说明书和实验指导书,熟悉实验台的结构和实验的具体内容。

(2)通过实验装置底座上的调节螺栓将实验平台调整平稳。

(3)制订加载与测试方案,设计数据记录表格。

(4)将试件上的应变片和温度补偿片采用公共补偿的半桥单臂(1/4桥)接法,接入电阻应变仪,并将测力传感器的数据线接入相应接口。

(5)长按应变仪各个测量模块的"清零"键,将初始读数清零。

(6)按设计方案悬臂梁状态(固定端支座,去掉斜杆支撑)设置横梁及斜杆约束,在支座处牢固拧紧四个螺栓加以固定,抽出斜杆的销栓即可,不必将整个斜杆卸下。

(7)在悬臂梁状态下,按照加载方案旋转加载手轮等增量分级加载,测量横梁上的指定测点的应变,记录数据并计算截面上的相应内力。

(8)按简支梁状态(支座约束为铰支座,并安装斜杆支撑)调整横梁及斜杆约束,横梁支座处插入销栓,松开四个紧定螺栓。

(9)等增量分级加载,每加一级载荷,测量横梁及斜杆上的指定测点处的应变,记录数据至实验报告,并计算相应截面上的内力。

(10)按照超静定状态(支座约束为固定端支座,并安装斜杆支撑)调整横梁及斜杆约束。

(11)当横梁固支,斜杆两端铰支时,转动加载手轮施加载荷,测定横梁及斜杆上的指定测点处的应变,计算斜杆、横梁的轴力及弯矩分布。

(12)卸掉载荷,关闭应变仪,拆卸斜杆支撑,将各个杆件和零部件收纳整洁,摆放整齐。并将电阻应变仪及实验装置整理复原,经指导老师检查合格后结束实验。

五、实验结果的处理

(1)自行设计数据记录的表格形式。

(2)根据实验过程中的测试数据,计算横梁上的弯矩及轴力,定量画出弯矩图。

(3)由实验数据计算斜杆的轴力。

(4)通过工字钢横梁的腹板中心位置处的测量数据,计算其弯曲切应力。

(5)根据材料力学中有关梁的弯曲与变形,超静定结构的相关内容,建立三角架的理论模型,完成理论分析,比较理论结果与实验结果的误差。

六、分析与思考

(1)试分析,实验过程中在不同的约束条件下横梁存在哪些内力? 如何利用电测法测定? 选择何种组桥方式测量截面弯矩,何种组桥方式测量轴力?

(2)斜杆两端为铰支时,可将其视为二力杆,应如何布片和组桥测定其轴力? 如果斜杆两端的约束为固支,如何选择合适的组桥方式分离斜杆的内力?

第六节　预应力提高结构承载能力实验

在土木工程、机械工程以及化工压力容器的制造中,常常对结构施加预应力以提高结构的承受能力,或提高结构的整体刚度。如桥梁工程中的预应力空心板,桥式起重机通过底部的拉杆施加预应力提高整体刚度等。因此在材料力学实验中引入预应力结构实验,可以加深学生对材料力学理论的工程应用的理解,拓宽学生的知识面,提高学生应用所学理论解决工程实际问题的能力。

一、实验目的

(1)通过施加不同大小的预应力,测试结构承载能力的变化,观察预应力提高结构承载能力的实验现象。

(2)通过相关理论计算,比较实验现象与理论结果。理解并掌握预应力结构提高承载能力的原理。

二、实验仪器和设备

(1)WDW—100 型微机控制电子万能试验机。

(2)XL2118C 型数字静态电阻应变仪。

(3)两端有螺纹的圆钢拉杆(贴有轴向应变片)。

(4)矩形截面梁(上端、下端贴有应变片)。

(5)副梁、刚性块、螺母等加载配件。

(6)钢板尺、电子数显卡尺等。

三、实验原理

预应力梁实验装置简图如图 4-13 所示。该装置由主梁、刚性块、拉杆、加载螺母和加载副梁等部分组成。主梁为矩形截面等直杆,可以用塑性材料(碳素钢)制作,也可以用过脆性材料(铸铁)制作。载荷通过加载副梁施加到主梁。主梁上两端距支座距离为 a 的位置固定有一对刚度较大的刚性块,用以辅助施加预应力,旋紧加载螺母,可以使拉杆产生张力,从而给主梁提供附加应力。附加应力可以在加载前(预加应力),也可以在加载后提供(后加应力)。拉杆直径可以有几个不同的规格。拉杆上贴有应变片,用于测量实验过程中拉杆的轴向应变,根据拉杆的弹性模量和横截面积,可以计算出拉杆的张力。在主梁的跨中上、下表面各贴有两枚平行于梁轴线的应变片,用于实际测量施加预应力和加载的过程中主梁的弯曲变形,以及梁底和梁顶的应力。

在图 4-13 所示的结构中,主梁的承载能力由下式确定:

$$[F] = \frac{[\sigma] \cdot W_z}{a} \tag{4-7}$$

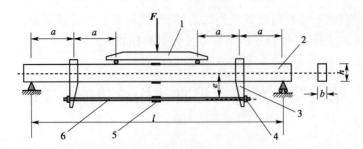

图 4-13　预应力梁实验装置简图
1-加载副梁;2-主梁;3-刚性块;4-加载螺母;5-应变片;6-拉杆

如果现在要将主梁的承载能力提高 1 倍,即:

$$[F_0] = 2[F] \tag{4-8}$$

在此情况下,可以拧紧拉杆两端的加载螺母,对主梁施加反拱变形,使梁底预先受到压应力(梁顶则受到预拉应力)以抵消超载所产生的拉应力,从而达到提高主梁承载能力的目的。这就是预应力提高工程结构承载能力的原理(该原理也用于混凝土屋面屋架底面开裂的补强、绕带式压力容器在化工生产中的应用等)。但当拉杆加入系统后,系统变成一次超静定结构。随着载荷 F 的增加,将会引起拉杆的附加拉应力而使问题复杂化,即系统承载能力提高后,如拉杆截面选择不当,有可能使拉杆超载。因此,拉杆上也贴有应变片,供实验加载的过程中实时监测拉杆的变形情况,防止超载。在整个实验过程中,梁底、梁顶的应力以及拉杆的拉力全部用应变电测法监控。

欲从理论上预先求解将主梁承载能力提高一倍所要施加的预应力,则需要解一次超静定问题,求出载荷 F 与拉杆的附加拉力 F_X 之间的关系,然后求出欲使主梁上施加的载荷达到 $[F_0] = 2[F]$ 时,拉杆应施加的预拉力 F_{X0}。上述预应力实验装置中,由于加载螺母与拉杆连接螺纹的变形,刚性块与梁固定存在的间隙,以及刚性块在拧紧拉杆时也能产生微小的变形等,都会损失掉部分预应力。因此,实验过程必须经多次调整才能达到目的。

四、实验方法和步骤

(1)测量主梁的相关长度、截面尺寸、拉杆的截面直径、拉杆的轴线与主梁的轴线之间的距离等参数,记录拉杆材料的弹性模量等与理论计算相关的数据。

(2)计算不施加预应力时,主梁的承载能力。

(3)建立适当的力学模型,求解超静定结构,计算欲使主梁的承载能力提高一倍,拉杆需要施加的预拉力大小。

(4)将预应力梁实验结构安装到电子万能试验机上,控制电子万能试验机使施力压头与加载副梁刚好接触,调整主梁水平及支座位置等。

(5)将粘贴在主梁及拉杆上的电阻应变片,按多点测量 1/4 桥接法,接入电阻应变仪相应的通道,开启电源,检查仪器。

(6)设置应变仪的相关参数,对初始应变数据清零。

(7)设计好实验加载方案。

(8)通过实验,分别测量主梁在未施加预应力和施加预应力两种工况下的受力和变形,以及承载能力的变化情况。

（9）根据实验数据，讨论理论解与实测结果之间的差异。

（10）对实验进行总结。

五、实验总结要求

实验后要求每人做一份总结，内容如下：

加载方案及实验结果，实验中出现的问题及总结。

（1）实验目的，实验原理等。

（2）实验测试仪器设备的名称、参数、型号等。

（3）利用材料力学求解一次超静定问题的相关理论，求出载荷 F 与拉杆的附加拉力 F_X 之间的关系，然后求出欲使主梁的承载能力提高一倍时，拉杆应施加的预拉力 F_{X0}。

（4）详细描述实验加载方案。

（5）设计实验数据记录表格，详细记录实验结果。

（6）总结本次实验，谈谈有何收获与体会。

六、注意事项

（1）请于实验前20min打开应变仪，对应变仪进行预热。

（2）在正常测试前，先检查应变仪的读数显示，当温度漂移和零点漂移都在正常值范围内，才可继续实验。

（3）实验过程中，应严格按照设计方案进行加载，不可超载。

（4）实验过程中，不要用力拉扯导线，保护好应变片。

第五章 演示型实验

演示实验是启发和引导学生提高力学学习的兴趣,增强工程感性认识,理解和掌握力学概念不可缺少的环节。运动学是理论力学的教学重点。本实验挑选三组典型的理论力学演示实验:机构运动演示实验、速度瞬心演示实验、科氏加速度演示实验。这三组实验简便、生动,有助于帮助学生理解运动学中有关概念,提高理论力学教学的效果。

第一节 机构运动演示实验

一、实验目的

(1)了解各种常用机构的结构、类型、特点及应用实例。

(2)增强学生对机构与机器的感性认识。

(3)对照各运动机构的特征,加深理解运动学中基本概念。

二、实验仪器和设备

YDCDYS 型运动传递演示台。

三、实验原理

YDCDYS 型运动传递演示台组合了 10 种不同类型的机构(连杆结构、组合机构、工程模型等机构的力学简化),每个机构配备独立的电机驱动,可完成各类机构的运动学演示(图 5-1)。通过该实验的形象演示,使学生增强对各类机构认识,提高对工程机构进行模型简化的能力,加深对运动学基本概念的理解。

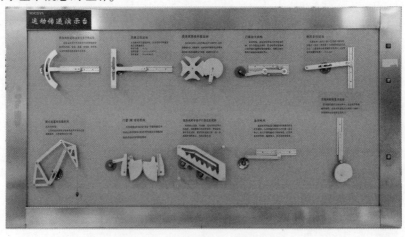

图 5-1　YDCDYS 型运动传递演示台

1. 正切运动机构

如图 5-2 所示,当该运动机构的原动件(摆杆)在一定范围内摆动时,从动件(竖杆)的位移与原动件的正切成正比。

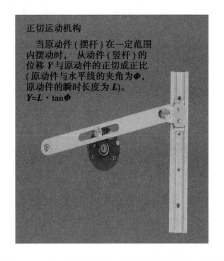

图 5-2　正切运动机构及运动演示视频观看二维码

2. 间歇复杂运动机构

如图 5-3 所示,在内燃机配气凸轮机构中,当凸轮作等角速度转动时,凸轮的轮廓驱动从动件(阀杆)按预期的运动规律启闭气门。

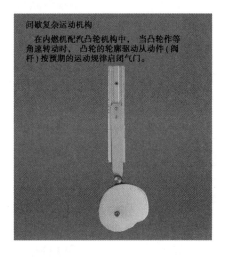

图 5-3　间歇复杂运动机构及运动演示视频观看二维码

3. 行程放大机构

如图 5-4 所示,该机构的曲柄转动,通过连杆带动小车作往复移动。当小车往复运动时,质点也作往复运动,小车行程为曲柄长度的两倍,而质点的行程则为曲柄长度的四倍。

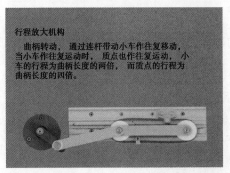

图5-4　行程放大机构及运动演示视频观看二维码

4. 急回机构

如图5-5所示,此急回机构是通过偏置曲柄滑块的方式实现的,从而使滑块具有工作行程(由左向右)和空行程(由右向左)的速度不等的特性,以达到急回的目的。偏置越大,急回的特性越明显。

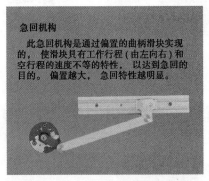

图5-5　急回机构及运动演示视频观看二维码

5. 周期性间歇运动机构

如图5-6所示,周期性间歇运动机构的从动件随着主动件的匀速转动而作周期性转动。根据需求,从动轮的匀槽数可适当增加。因高速时冲击力大,此机构不应在高速状态下使用。

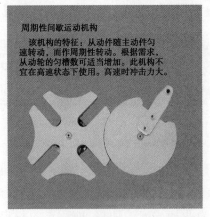

图5-6　周期性间歇运动机构及运动演示视
频观看二维码

6. 送料机构中的平行四边形机构

如图 5-7 所示,此机构由机架、双曲柄、送料齿构成平行四边形,当双曲柄作同向转动时,带动送料齿作往复运动,通过送料齿将工件一步一步地送到接料齿上,达到送料的目的。

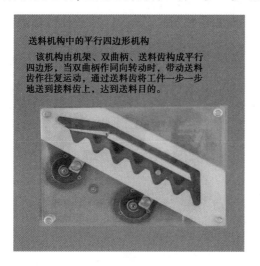

图 5-7 送料机构中的平行四边形机构及运动演示
视频观看二维码

7. 正弦运动机构

如图 5-8 所示,当该运动机构的主动曲柄作匀速转动时,从动导杆平移速度按正弦规律变化。

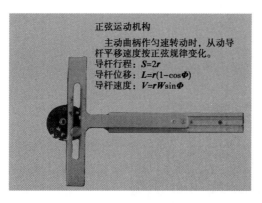

图 5-8 正弦运动机构及运动演示视频观看二维码

8. 门窗(闸)启动机构

如图 5-9 所示,当门窗(闸)启动机构的主曲柄转动时,通过连杆带动一对扇形齿轮作相对运动,从而实现两扇门窗(闸)同时启闭。此机构正是利用了齿轮传递能作相对转动的特征。

9. 按拟定的函数关系平移运动机构

如图 5-10 所示,如果改变该机构的从动导杆的形状,如将导杆的导槽曲线改变为直线、圆弧、曲线等,即可使从动杆按拟定的函数关系运动。

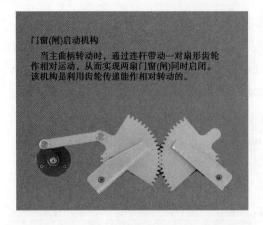

门窗(闸)启动机构

当主曲柄转动时,通过连杆带动一对扇形齿轮作相对运动,从而实现两扇门窗(闸)同时启闭。该机构是利用齿轮传递能作相对转动的。

图 5-9　门窗(闸)启动机构及运动演示视频观
看二维码

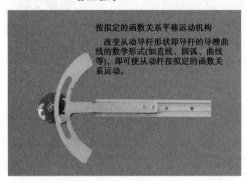

按拟定的函数关系平移运动机构

改变从动导杆形状即导杆的导槽曲线的数学形式(如直线、圆弧、曲线等),即可使从动杆按拟定的函数关系运动。

图 5-10　按拟定的函数关系平移运动机构及运
动演示视频观看二维码

10. 鹤式起重机变幅机构

如图 5-11 所示,鹤式起重机工作时,象鼻梁带动吊钩沿水平方向作近似直线运动,以使重物运动平稳。

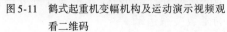

鹤式起重机变幅机构

工作时象鼻梁带动吊钩沿水平方向作近似直线运动,以使重物运动平稳。

图 5-11　鹤式起重机变幅机构及运动演示视频观
看二维码

四、实验步骤

(1)提前预习各个运动机构的特征。

(2)仔细检查实验演示平台的各个启动开关所处的状态。

(3)接通电源插座,打开实验演示平台的电源开关。

(4)逐个仔细观察机构的运动,对照各运动机构的特征,运用运动学中的基本概念,对机构运动进行分析。

(5)关闭各机构的启动开关,拔出电源插头。将机构运动演示实验平台收拾干净整洁。

第二节　速度瞬心演示实验

一、实验目的

(1)观察瞬时速度中心的现象。

(2)分析速度瞬心的位置与牵连运动转速、相对运动转速之间的关系。

二、实验仪器和设备

SDSYS 速度瞬心演示仪。

三、实验原理

SDSYS 速度瞬心演示仪如图 5-12 所示。根据点的合成运动分析,一般情况下,在一般平面运动的图形上每一瞬时都唯一地存在一个速度为零的点,即瞬时速度中心,简称速度瞬心。速度瞬心演示仪上大盘半径为 R,小盘半径为 r,小盘的转动中心与大盘铰接,随大盘转动而运动。当两者同时转动时,大盘的转动速度为 ω_e,小盘相对大盘的相对转速为 ω_r,则瞬时速度中心 C 的位置如图 5-13 所示,其距小盘圆心的距离 l 为:

$$l = O_1O_2\frac{\omega_e}{(\omega_r + \omega_e)} \tag{5-1}$$

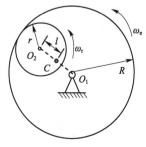

图 5-12　SDSYS 型速度瞬心演示仪及
　　　　运动演示视频观看二维码

图 5-13　瞬时速度中心 C
　　　　的位置图

四、实验步骤

(1)仔细检查演示仪的各个控制按钮、开关所处的状态。

(2)接通电源插座,打开演示仪的电源开关。

(3)打开小盘转动开关,调节小盘转速,观察瞬时速度中心的位置变化情况。

(4)关闭小盘转动开关,打开大盘转动开关,调节大盘转速,观察瞬时速度中心的位置变化情况。

(5)打开小盘转动开关,大盘保持转动,分别调节大盘、小盘的转速,观察随着两者之间相对大小的变化,瞬时速度中心的位置变化情况。

(6)根据实验仪器上的速度显示值,按照理论公式计算瞬时速度中心的位置。比较理论计算值与实际观测值之间的误差。

(7)关闭电源,停止转动,将各个按键复位,将仪器收拾干净整洁。

五、注意事项

实验过程中,切勿触摸高速转动中的圆盘,防止划伤手指。

第三节　科氏加速度演示实验

一、实验目的

(1)观测科氏加速度和科氏惯性力产生的现象,加深对日常生活中的科氏惯性力和科氏加速度现象的理解。

(2)分析科氏惯性力和科氏加速度的大小、方向与动参考系的运动、相对运动之间的关系。

图5-14　KJYSQ型科氏加速度演示仪

二、实验仪器和设备

KJYSQ型科氏加速度演示仪。

三、实验原理

物体在非惯性系中运动时,就会产生科式惯性力。就地球而言,由于地球的自转,地球作为动参考系时就是非惯性系。许多物理现象都是由地球自转产生的科式惯性力引起的,例如南北行驶的火车两轨道磨损不一样,南北流向的河流两岸冲刷程度不同等。

科氏加速度演示仪如图5-14所示,地球模型(动参考系)转动速度可手动控制,转动方向可改变(模拟地球的自转)。活动经线圈由电机驱动可沿经线方向运动,通过换向按键,可改变转动的方向(模拟河流的流向)。活动经线圈上连接有可向左边或向右边小幅摆动的小球,在运动过程中,由于科氏惯性力的作用,小球会敲击其左侧或右侧的固定经线圈(模拟河水对河岸的冲刷作用)。

（1）当活动经线圈的驱动电机为未开启转动时,虽然有动参考系的转动,但没有相对运动,此时没有科氏加速度产生。运动小球不会敲击固定经线圈。

（2）当活动经线圈的驱动电机开启转动,但地球模型不动时,因只有相对运动而没有动参考系的转动,此时没有科氏加速度产生。可偏摆小球不会敲击固定经线圈。

（3）当地球模型转动,同时活动经线圈的驱动电机开启转动时,由于动参考系的转动和小球在动参考系中的相对运动,即产生了科氏加速度。它促使小球敲击其左侧或右侧的固定经线圈,通过敲击的方向和敲击的频率,可演示科氏加速度的方向,科氏惯性力的大小等现象。

四、实验步骤

（1）仔细检查仪器的设置情况,各个控制按键、开关所处的状态。

（2）接通电源插座,打开演示仪的电源开关。

（3）手动拨动可偏摆小球,使之与固定经线圈接触,演示小球敲击位置及方向与交汇指示灯之间的关系。

（4）设置没有动参考系的转动只有相对运动的状况,观察交汇指示灯,及运动小球敲击固定经线圈的情况;改变相对运动的方向,观察相关的实验现象。

（5）手动转动地球模型,转动方向选择正转,并改变转速,观察交汇指示灯,及运动小球敲击固定经线圈的情况;反转地球模型,观察相关的实验现象。

（6）转动地球模型,同时开启活动经线圈的驱动电机。观察在动参考系转动且有相对运动时,交汇指示灯,及运动小球敲击固定经线圈的情况;分别改变动参考系的转速、转动方向,相对运动的转速、转动方向,观察运动小球敲击的方向和敲击的频率,分析科氏加速度的方向,科氏惯性力的大小。

（7）关闭电源,停止转动仪器,将各个按键复位,将科氏加速度演示仪收拾干净整洁。

第四节　光弹性演示实验

一、实验目的

（1）通过简支梁的弯曲、对径受压圆盘应力分布等情况的条纹图案的演示,观察光弹性现象。

（2）了解光弹性方法的基本原理和光弹仪各个光学元件的作用,学习光弹性实验的一般方法。

（3）观察平面模型在平面偏振光场和圆偏振光场内的光学效应。

二、实验仪器和设备

（1）小型光弹仪。

（2）摄像机。

（3）微型计算机。

（4）教学用投影设备（投影仪、投影幕等）。

（5）环氧树脂简支梁模型、圆盘模型。

三、实验原理

光弹性法是使用透明模型在偏振光场下进行应力分析的一种方法。首先根据实际构件按相似条件制成几何相似的模型，模拟构件的受力状态和约束情况给模型加载。模型材料种类很多，我国近年来多使用环氧树脂或聚碳酸酯。把受力模型放在偏振光场中，模型将产生光学双折射现象，经过检偏镜观察受力后的模型，可以看到明暗相间的条纹，这种条纹分布称为条纹图（或应力光图）。记录下条纹图，根据它可算出模型中的应力，再根据相似理论就可以计算出实际构件中的应力。

光弹性法的实验设备如图 5-15 所示，其基本光路如图 5-16 所示。

图 5-15　小型光弹仪

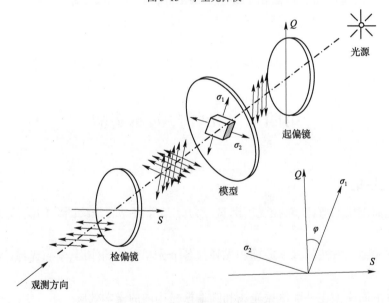

图 5-16　平面偏振光场下的光路图

如图 5-16 所示，Q 为起偏镜，光源（单色光或者白光）发出的光波通过起偏镜后只有沿偏振轴方向振动的光波才能通过，在起偏镜和模型之间形成平面偏振光场。受力模型中的一个单元体的主应力方向如图中所示。S 为检偏镜，它和 Q 镜一样，都是用偏振片制成，这种光学系统称为平面偏振光场。当两个偏振片偏振轴互相垂直时，光波被检偏镜阻挡，从观测方向看到的是暗背景,此情况称为平面偏振场的暗场;如果两个偏振片的偏振轴互相平行,光波则可以通过检偏镜,从观测方向看到的是亮背景,此情况称为平面偏振场的明场。对于平面偏振场,实验时主要采用暗场。如果在起偏镜的前边和检偏镜的后面各加上一块1/4 波片(使偏振光产生 1/4 波长光程差的光波片),并且将 1/4 波片的快慢轴调整到与偏振片的偏振轴成 45°夹角的位置,就可以得到圆偏振光场。

单色光通过起偏镜后为平面偏振光,其光波方程可表示为:

$$u = a\sin\omega t \tag{5-2}$$

平面偏振光 u 垂直入射时模型表面 o 点,由于光弹效应,光波沿 σ_1、σ_2 分解为两束平面偏振光。且两列平面偏振光在模型中传播速度不同,通过模型后产生相位差 Φ,若主应力与起偏镜 Q 轴的夹角为 φ,通过模型后两束光为:

沿 σ_1

$$u_1' = a\sin(\omega t + \Phi)\cos\varphi \tag{5-3}$$

沿 σ_2

$$u_2' = a\sin\omega t\sin\varphi \tag{5-4}$$

u_1'、u_2' 到达检偏镜,只有平行于 S 轴的振动分量通过,沿 S 分解:

$$u_1'' = u_1'\sin\varphi \tag{5-5}$$
$$u_2'' = u_2'\cos\varphi \tag{5-6}$$

u_1'',u_2'' 频率相同,振动方向相同(沿 S 轴,共面光波),相位差恒定,两列光波发生干涉,通过检偏镜后的合成光波为:

$$u_3 = u_1'' - u_2'' = a\sin2\varphi\sin\frac{\Phi}{2}\cos\left(\omega t + \frac{\Phi}{2}\right) \tag{5-7}$$

由于光强与振幅平方成正比,光强为:

$$I = K\left(a\sin2\varphi\sin\frac{\Phi}{2}\right)^2 \tag{5-8}$$

用 $\Phi = 2\pi\dfrac{\Delta}{\lambda}$ 代入上式:

$$I = K\left(a\sin2\varphi\sin\frac{\pi\Delta}{\lambda}\right)^2 \tag{5-9}$$

当 $I = 0$ 时,从检偏镜后看到的模型上 o 点将是暗点。$I = 0$ 有两种情况。

1. 等倾线

$\sin2\varphi = 0$,即 $\varphi = 0$ 或 $\varphi = \dfrac{\pi}{2}$。表示该点的主应力与偏振光的偏振轴(Q、S)方向重合,该点就是暗点。一系列这样的点构成一条黑色条纹,称为等倾线。模型内各点的主应力方向不同,连续变化。当起偏镜与检偏镜同步转动时(使二者偏振轴始终保持互相垂直),此时可观察到等倾线也在移动,因为每转动一个新的角度,模型内另外一些主应力方向与偏振轴相重合的点便构成与之对应的新等倾线。当偏振镜从 0°同步转动至 90°,模型内所有点的主应力方向均可显现出来,从而得到一系列不同方向的等倾线,因此,模型内任意点的主应力方向用此方法可以测取。一般的记录方法是每转动 10°或 15°描绘一条等倾线。

2. 等差线

$\sin \dfrac{\pi\Delta}{\lambda} = 0$，前提条件是 $\dfrac{\pi\Delta}{\lambda} = n\pi$，即 $\dfrac{\pi\Delta}{\lambda} = n\pi$（$n = 0, 1, 2, \cdots$）。说明只要光程差 Δ 为单色光波长的整数倍时，在检偏镜后消光成暗点。满足光程差等于同一整数倍波长的各点连成一条黑色干涉条纹，该条纹上各点将有相同的主应力差，称为等差线。等差线按一定的顺序排序，对应于 $n = 0$ 的线称为 0 级等差线，$n = 1$ 的线称为 1 级等差线，依次类推。图 5-17 为纯弯曲梁的等差线条纹图，在中性层位置上条纹为 0 级，依次增加。

图 5-17　纯弯曲梁的等差线条纹图

在图 5-18 所示的圆偏振光场下，采用相同的推导方法，可以得到通过检偏镜后的合成光波的光强方程：

$$I = K \left(a\sin \frac{\pi\Delta}{\lambda} \right)^2 \tag{5-10}$$

从上式可以看出光强与光程差密切相关，而与主应力和起偏镜的偏振轴之间的夹角无关。因此，在圆偏振光场中，消除了等倾线，得到只有等差线的条纹图。

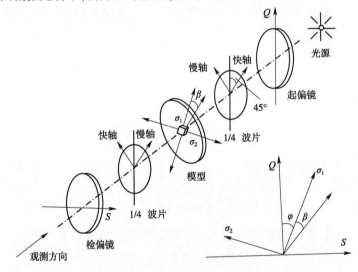

图 5-18　圆偏振光场下的光路图

从以上的理论推导及实验演示可以得到以下结论：

（1）在正交平面偏振场下采用白光，对模型施加适量载荷，使等差线不很明显。然后同步转动起偏镜和检偏镜（始终保持两偏振片的偏振轴互相垂直），此时等倾线将随着偏振镜的转动而变动，因此可记录不同角度下的等倾线。

（2）加入 1/4 波片造成圆偏振光场，就可以消除等倾线，屏幕上只有等差线。

（3）首先寻找出 0 级条纹，然后依次可读出各级次的等差线。在两个等级次之间可以用平行圆偏振场得到半级次的等差线。有了条纹级次，即可计算主应力差值。

（4）根据材料力学可知,在处于二维应力状态下的物体的自由边界上(不受外力的边界),必有一个主应力为0。由此可算出边界上的主应力大小,其方向必沿边界的切线方向。

（5）由材料力学知,等差线条纹也代表最大剪应力相等诸点的轨迹。

四、实验方法和步骤

（1）详细介绍光弹仪的各组成部件:光源、起偏镜、1/4波片、环氧树脂模型、检偏镜、投影设备等。

（2）介绍光弹仪的光路图及光弹性法的基本原理。

（3）对比观察平面偏振场的明场和暗场。

（4）介绍简支梁模型或对径受压圆盘模型的受力状态。

（5）观察等倾线。在正交平面偏振场下,给模型(简支梁模型、对径受压圆盘模型)施加适量载荷,使等差线不十分明显,演示等倾线。同步反时针转动起偏镜与检偏镜,观察者通过投影设备观察等倾线的变化。

（6）观察等差线。将1/4波片加入到应变仪光路中,消除等倾线。逐步增加载荷,分别用白色光和单色光演示等差线条纹的变化。

（7）简单介绍应力分量的计算方法。用光弹性条纹图片并不能直接分解出三个应力分量,因此还要借助其他方法。可将测取的主应力方向及等差线条纹级次输入微型计算机,借助已有的程序(如剪应力差法)算出应力分量。

（8）结束实验,关闭电源,将光弹仪和其他实验设备、元件、模型等恢复原状,整理好实验现场。

五、实验总结要求

实验后要求每人做一份总结,内容如下:

（1）实验测试仪器设备的名称、参数、型号等。

（2）光弹性仪器装置简图及光路图(标明各个光学元件的名称)。

（3）详细叙述光弹性实验的原理(自行推导光路图中各个阶段的光波方程,以及等差线、等倾线方程)。

（4）绘制简支梁弯曲、对径受压圆盘的等差线与等倾线条纹图,并借助应力-光学定律,简要解释光弹性条纹与模型的应力状态之间的关系。

（5）查找资料,分析比较光弹性法与应变电测方法的优缺点。并总结通过本次光弹性演示实验,有何收获与体会。

六、注意事项

（1）实验过程中,严禁用手直接触摸仪器的光学镜面。

（2）光学镜面上的灰尘和污渍只能用专用的工具进行清除。

（3）给模型加载时要均匀缓慢,并注意不要过载。

第六章　基本实验设备简介

第一节　摩擦因数测试仪简介

摩擦因数是各种材料的基本性质之一,指两表面间的摩擦力和作用在其一表面上的正压力之比值。它与材料表面的粗糙度有关,而和接触面积的大小无关。依照两者相对运动的性质可分为动摩擦因数和静摩擦因数,材料的摩擦性能可以通过材料的动静摩擦因数来表征。FC—Ⅱ型摩擦因数测试仪是一款用于测试材料在倾斜面上的摩擦因数的专业型仪器,可用于各种材料的摩擦角、静摩擦因数、动摩擦因数的测量。

一、主要技术指标

(1)计时范围:0.00ms ~ 999.99s。

(2)速度测量范围:0.00 ~ 1000.0cm/s。

(3)加速度测量范围:±0.00 ~ 1200.0cm/s²。

(4)角度测量范围:±45°。

(5)角度分辨率:0.1°。

(6)角度值温度漂移:0.03°/℃。

(7)外形尺寸(mm):1200 × 260 × 650。

二、主要构造及工作原理

该实验台主要由倾斜滑动轨道面、滑块(配备挡光片)、数显倾角仪、光电门、计时系统和使斜面倾角发生改变的驱动机构及电机等组成(图 6-1)。欲测试两种材料之间的摩擦因数,实验时将待测材料之一固定在斜面上,同时用另一种待测材料包住滑块并与其紧密固定。然后将滑块放置在斜面上,增大斜面倾角至合适的角度,使滑块沿斜面加速下滑,通过光电计时仪测量出下滑的加速度,根据下式即可计算出动滑动摩擦因数。

$$f_{\mathrm{d}} = \tan\theta - \frac{a}{g\cos\theta} \tag{6-1}$$

测量摩擦角及静摩擦因数时,首先将斜面倾角设置为较小的角度,按驱动电机上升键使斜面倾角慢慢增大,当斜面上的滑块刚刚开始滑动的瞬时,此时刻的斜面倾角即为摩擦角。根据下式即可计算出静滑动摩擦因数。

$$f_{\mathrm{s}} = \tan\varphi_{\mathrm{f}} \tag{6-2}$$

式中:φ_{f}——摩擦角。

图 6-1　FC—Ⅱ型摩擦因数测试仪

三、主要操作

1. 实验前的准备工作

(1)检查电源开关与保险丝。

(2)接线,连接仪器与两个光电门的插口。

(3)检查两个光电门的发光电灯。安装时调节球铰使发出的光束对中射向接收管后,再紧固球铰的螺母。

(4)光电门的接收管需与前套接触避免漏光,保证足够的光能进入。

(5)光电计时仪参数调节。

(6)将要测试的两种材料分别固定在斜面上和安装在滑块的底面(或包住滑块并与滑块紧密固定)。

2. 操作步骤与使用方法

(1)对照实验指导书上的实验步骤,按序进行操作。

(2)调节斜面角度,使其略大于静滑动摩擦角。

(3)打开光电计时仪的电源开关,等待数字显示仪稳定。

(4)连续按光电计时仪的功能键,选择"FUNCTION 3—加速度测量"功能。

(5)开始正式实验:将滑块放置在斜面上端一定的居中位置上,松手后滑块在重力的作用下自由滑下(注意不要与光电门相撞)。

(6)显示屏上循环显示三个数值,分别为滑块左边缘至右边缘经过光电门 1 的时间 T_1,从上端光电门 1 到下端光电门 2 所需的时间 T_2,滑块左边缘至右边缘经过光电门 2 的时间 T_3。

(7)检查上述实验数据,若无明显的量级上的差错,记录实验数据。第一次实验完成,可再进行第二次实验。

(8)再按一下功能键,将滑块放置在斜面上端同样的居中位置上,松开手后滑块在重力的作用下再次自由滑下,之后重复上述步骤(5)～(7)操作。

第二节　ZME—1型理论力学多功能实验台简介

ZME—1型理论力学多功能实验台是浙江大学庄表中教授设计研制的。该实验台主要适用于理工科院校的理论力学实验教学,它将多个实验装置集中安装到一个可移动的、有底座和台面的不锈钢实验台上,底座上有两个抽屉,内有模型、试件及工具。使用时稍加变动,按照不同的组合可构成不同的实验装置,即可进行教学大纲规定的多项实验内容。该实验装置整机结构紧凑,性能可靠,造型美观,移动方便,实验效果好,易于学生自己动手。

一、主要技术指标

(1)电源电压:220AC/50Hz。

(2)转速分辨率:1rpm。

(3)计时分辨率:0.01s。

(4)称重分辨率:0.001kg。

(5)实验台质量:55kg。

(6)外形尺寸(mm):1400×750×1200。

二、外形结构

ZME—1型理论力学多功能实验台主要由车式柜体、三线摆模型、电缆风振模型、变速风机、调速器、不锈钢工作台面等部分组成,其外形结构如图6-2所示。抽屉内还收纳有其他实验试件及配件,主要包括:盘秤、连杆、T形垫块、等效圆柱铁、非均质发动机摇臂模型、悬吊重心模型、沙袋、沙漏(及支架)、砝码(及挂钩)、水平尺等。实验过程中,需按照进行的实验项目自行组装构成相应的实验装置。

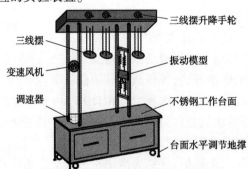

图6-2　ZME—1型理论力学多功能实验台

三、可进行的实验项目

(1)测试单自由度振动系统的变形,计算刚度系数与固有频率。

(2)演示自激振动现象,观察其与自由振动和受迫振动的区别。

(3)物体重心的测试实验。

(4)渐加载荷、突加载荷、冲击载荷的基本特征演示实验。

(5)用三线摆的扭摆振动测试均质圆盘的转动惯量。

(6)用等效理论方法测试和求取非均质复杂物体的转动惯量。

四、注意事项

(1)实验台使用前,应通过调节水平地撑的调节螺栓使实验台面保持水平。

(2)各项实验过程中,都需要注意缓慢均匀的调节速度,不得超过规定的最大速度。

(3)注意三线摆升降机构的行程,手轮转动快到圆盘接近顶板时应缓慢转动,以免撞坏有关定位件或扯断悬吊线。

(4)三线摆在扭摆过程中必须保持圆盘水平,且应保持小幅度扭摆,偏转角度应小于5°。

(5)实验过程中读数时眼睛应平视,以尽量减小读数误差。

(6)所有实验进行完后,应关闭电源,将所有实验试件、配件全部拆下,收进实验台抽屉内,保持实验台干净整洁。

第三节 WDW—100 型电子万能材料试验机简介

一、构造

WDW—100 型电子万能材料试验机主体结构为双丝杠门式结构,可进行双空间实验,其中上空间为拉伸空间,下空间为压缩空间,进行实验力校准时应将标准测力计放在工作台上。主机的右侧为计算机控制显示部分。具体如图6-3所示。

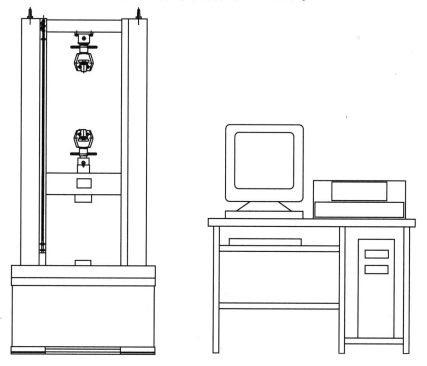

图6-3 WDW—100 型电子万能材料试验机

WDW—100 型电子万能材料试验机采用交流伺服电机及调速系统一体化结构驱动皮带轮减速系统,经减速后带动精密丝杠副进行加载。电气部分由负荷测量系统和位移测量系统组成。所有的控制参数及测量结果均可以在计算机屏幕上实时显示,可计算试样的弹性模量、抗拉强度、断后延伸率等参数。并具有过载保护等功能。

二、操作要点

以拉伸实验为例,操作方法如下:

打开计算机电源后,双击 windows 桌面上的相应图标,进入登录界面。输入正确的用户名和密码(如学生实验则选择用户名为"学生",不用输入密码)后单击"登录"键,即可进入软件的主界面。

(1)设置实验方案。方法是:单击主菜单中的"实验方案",进入实验方案首页设置界面。在此设置数据文件名。如选新建方案,则系统默认的数据库名是当前日期时间(用户可修改);如选择追加方案,则单击"浏览…"键选择以前的数据库文件。然后单击"下一步"按键对各项实验参数(实验类型、试样尺寸和极限设置等)逐项检查或修改,也可单击"完成"键,直接退回主界面。

(2)接通电动机驱动电源(在主机右护板的控制盒上)。

(3)单击负荷"清零"键,使载荷显示清零。

(4)选择适当速度移动横梁调整两个拉伸夹头的间距,留出安装试样的空间。

(5)将试样一端插入上夹头并转动手柄将其夹紧,再移动横梁使试样另一端插入下夹头并夹紧。

(6)设定实验速度(金属材料一般选 1 ~ 5mm/min)。

(7)如使用引伸计,则在引伸计安装好后按变形显示窗的"清零"键,使变形显示清零。

(8)单击"开始实验"键开始对试样加载,同时在曲线显示区实时显示实验曲线(曲线类型可变)。如安装了引伸计,则当试样变形达到预定值(根据实验要求确定,注意此值要小于引伸计最大量程)时,先单击"取引伸计"键使引伸计测量系统关闭,然后迅速从试样上取下引伸计。试样断裂时如试验机没有自动停机,则单击"结束实验"键停止加载。

(9)若打印和观察实验曲线,需单击主菜单上的"数据处理"键进入数据处理界面。单击"打印曲线"键或"结果输出"键可按当前选择的曲线类型和比例打印出实验曲线。另外,还可以利用曲线移动、局部放大及曲线遍历等功能,对实验数据和曲线做进一步的观察和分析。

(10)完成实验后,退出试验机控制系统,关闭计算机电源和电动机电源。

第四节　　NDS—05 型电子扭转试验机简介

很多传动零件都是在扭转条件下工作的。测定扭转条件下的力学性能,对零件的设计、计算和选材有实际意义。纯扭转时,原试样表面为纯剪切应力状态,其断裂方式为分析材料的破坏原因和抗断能力提供了直接有效的依据。通过扭转实验,可以测定材料的剪切屈服强度、抗扭强度、剪切弹性模量等。NDS—05 型电子扭转试验机可以对试样施加扭矩,并能实时显示所施加扭矩的大小,是一种专供扭转实验用的设备。该试验机采用优质电子元器件组成微机数显仪表,实行单元化、模块化、标准化设计,具有测量精度高、控制准确、配置灵活、互换性强、检修便捷等特点。适用于金属材料、非金属材料、复合材料及构件的扭转性能测试实验。可根据国家标准《金属材料　室温扭转试验方法》(GB/T 10128—2007)进行实验,并提供数据。

一、主要技术指标

(1)最大扭矩:500N・m。

(2)试验机级别:0.5 级。

(3)扭转角测量范围:0°～ 9999°。

(4)扭转角测量误差:±1%。

(5)夹头最大间距:600mm。

(6)加载速度:1°～ 360°/min。

(7)加载速度误差:±1%。

(8)电源:220AC/50Hz。

(9)外形尺寸(mm):1850×550×1100。

二、主要构造及工作原理

1. 主要构造

该试验机主要由伺服控制加载机构、扭矩及扭转角测量机构、实验软件及打印设备等部分组成,如图 6-4 所示。伺服控制加载机构采用交流伺服电机和调速器,控制精良、稳定性高、运行平稳可靠、响应快、噪声低,并可对相关参数进行调整,使系统运行在最佳状态。扭矩测量单元采用高精度、高稳定性的扭矩传感器和低噪声、低漂移的仪表放大器和高精度20位 A/D 转换器,确保扭矩测量值的示值精度优于 ±1%。扭转角测量单元采用高精度光电编码器,精度在 360°范围内为 ±0.5%。在实验过程中,配套实验软件可自动的绘制出 T-ϕ 扭转曲线。

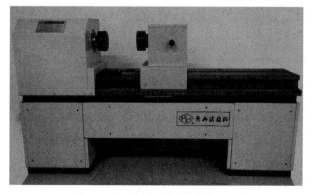

图 6-4　NDS-05 型电子扭转试验机

2. 工作原理

实验过程中,由计算机软件发送指令给 M210 控制单元使伺服系统控制电机转动,伺服电机通过皮带、齿轮、减速系统带动主动夹头转动。当主动夹头旋转时,给试样施加扭矩,该扭矩可通过安装在定夹头上的扭矩传感器测量。扭矩传感器的输出信号送入 M210 控制单元的放大电路,再经过 A/D 转换将信号输送到计算机软件上显示。扭转角通过光电编码器来测量,光电编码器的脉冲信号输入到计算机,通过实验软件的处理,可得到精确的扭角值。

三、主要操作步骤

(1)打开电源,开机启动扭转实验软件。

(2)等待实验软件主表单上的联机信号指示为正常联机。

(3)设置扭转速度。用鼠标拖动绿色的速度指示条或者在扭转速度设置窗口输入相关的扭转速度。

(4)初次实验需按"配置"键进入配置窗口,选择和设置运行参数。

(5)安装试件。先将试样的一端插入固定夹头中,推动滑块沿导轨水平移动,使试样另一端插入活动夹头中,然后再夹紧。注意,先紧固定夹头,再紧活动夹头。

(6)微调及原始数据清零。

(7)按"运行"键进行实验。当试样断裂后立即停车,并记录相关实验数据。

(8)进入数据处理表单,进行相关数据处理操作。

(9)输出测试报告,按打印机图标进行打印。

(10)保存实验数据。

(11)实验完毕,取下试样,将机器复原,并清理现场。

四、注意事项

(1)机器运转时,操纵者不得擅自离开岗位,发现异常现象应立即停机。

(2)操作夹头夹持试件时,必须尽量夹紧,以免实验过程中试件打滑。

(3)推动滑块沿导轨移动定夹头时,切忌用力过大,以免损坏试样或传感器。

(4)进入软件前请确认试验机电源已打开,退出软件前请确定试验机电源已关闭。

(5)应定期对扭转试验机进行检修,延长试验机的使用寿命和保证实验数据的精确度。

第五节　多功能压杆稳定实验台简介

HZ5010 型多功能压杆稳定实验台体积小巧,功能丰富,测力传感器部分与实验台一体化设计,加载方便准确。该装置通过压杆上端、下端、中间支承的灵活组合,能实现数十种压杆稳定相关的实验项目。本实验台除压杆稳定(弹性)实验外,通过更换连接件和试件还可兼做其他力学实验与小型结构的静载实验。因为本实验台已具备了加力、测力(二次仪表读数)和测位移(使用自身刻度盘或使用百分表、应变式位移计)的三项基本功能,在实验室可以多台并列配置,利于学生自主设计实验。

一、主要技术指标

(1)载荷范围:0~3kN。

（2）试件弹性模量：210GPa。

（3）实验台质量：7.5kg。

（4）加载机构作用行程：25mm。

（5）过载能力：150%。

（6）加载速度：1mm/转（手轮）。

（7）测力传感器示值误差：≤2%。

（8）外形尺寸（mm）：200×200×610。

二、主要构造及工作原理

该实验台主要由底板、立柱、顶板、测力传感器、加力手柄、轴向测微位移刻度盘、标尺、侧板、试件支座等部分组成（图6-5）。实验过程中，通过加力手柄上固定的轴向测微位移刻度盘，位移量可以在刻度盘与读数标尺上指示（也可配备应变式位移计测量位移），压力值则通过与测力传感器相联的电阻应变仪上读得。

三、实验配套软件简介

HZ5010型多功能压杆稳定实验台（图6-6）的所有测量数据均可以通过配套实验软件（图6-7）显示。实验开始前，在测力传感器处于零载荷状态下，可通过左键单击实验软件上部的"零点平衡"键，清除传感器的初始零点。实验过程中，拧进加力旋钮，使丝杠顶推压头向下运动，即可对试件加载，测力传感器中的弹性敏感元件置于丝杠和压头的芯轴之间，压力的大小通过测力传感器，最终传送至计算机显示。位移传感器为机电百分表，通过承托卡感知压头的位移。传感器的弹性元件上的电阻应变片输出的应变信号接入电阻应变仪的相应通道，接入计算机中进行数据处理，经放大和模数（A/D）转换，在计算机上的配套实验软件上直接显示出位移值（实验前需做好校准工作）。实验软件输出的图形是载荷—变形曲线（可以通过设置曲线参数，选择输出其他曲线类型），也可单独

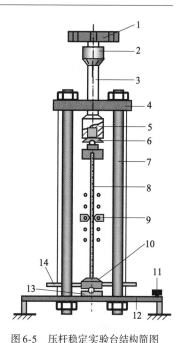

图6-5 压杆稳定实验台结构简图
1-加力旋钮；2-轴向位移刻度环；3-刻度线；4-顶板；5-压头；6-滚珠帽；7-立柱；8-弹性压杆试样；9-中间支座（可移、可拆）；10-试样节点卡；11-调平螺栓；12-底板；13-铰支座；14-托梁

图6-6 压杆稳定实验台

输出应变仪各个通道的读数,最终在计算机上观察实验曲线和测得各临界载荷 F_{cr}。

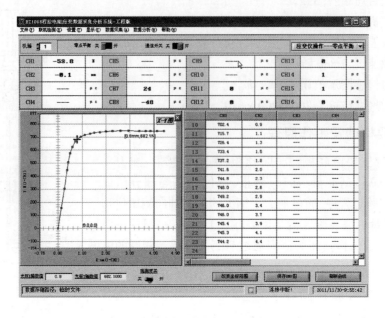

图 6-7　压杆稳定实验台配套实验软件

四、使用注意事项

(1)为防止压杆发生塑性变形,要密切注意应变仪读数。在整个实验过程中,加载要保持均匀、平稳、缓慢。

(2)任何时候都不能带电插拔电源线、信号线。

(3)保证线头与接线柱的连接质量,接线时如采用叉线请旋紧螺栓。

(4)若接触电阻或导线变形引起桥臂电阻改变千分之一欧姆($1m\Omega$),将引起应变仪 $5\mu\varepsilon$ 的读数变化,所以测量过程中不得移动测量导线。

第六节　XL3418C 型材料力学多功能实验台简介

XL3418C 型材料力学多功能实验台主要适用于理工科院校的材料力学电测实验教学,它将多项材料力学实验项目集中到一个实验台上进行,使用时稍加变动,即可进行教学大纲规定的多项实验。该实验装置整机结构紧凑,加载稳定,操作省力,实验效果好,易于学生自己动手。本实验台还可根据需要增设其他实验,仪器配有计算机接口,实验数据可由计算机处理。

一、主要技术指标

(1)最大作用载荷:8kN。

(2)加载机构作用行程:50mm。

（3）手轮加载转矩:0~2.6N·m。

（4）手轮加载速度:0.12mm/转。

（5）实验台质量:140kg。

（6）外形尺寸(mm):850×700×1100。

二、构造及工作原理

1. 外形结构

XL3418C 型材料力学多功能实验台为框架式结构,分前后两片架,其外形结构如图 6-8 所示。前片架可做弯扭组合受力分析,材料弹性模量 E、泊松比 μ 的测定,偏心拉伸实验,压杆稳定实验,悬臂梁实验、等强度梁实验等;后片架可做纯弯曲梁正应力实验,电阻应变片灵敏系数标定,组合叠梁实验等。

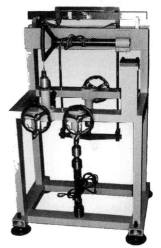

2. 加载原理

加载机构为内置式,采用蜗轮蜗杆及螺旋传动的原理,在不产生对轮齿破坏的情况下,对试件进行施力加载,该设计采用了两种省力机械机构组合在一起,将手轮的转动变成了螺旋千斤加载的直线运动,具有操作省力,加载稳定等特点。

3. 工作机理

实验台采用蜗杆和螺旋复合加载机构,通过传感器及过渡加载附件对试件进行施力加载,加载力大小经拉压力传感器由力 & 应变综合参数测试仪的测力部分测出所施加的力值;各试件的受力变形,通过力 & 应变综合参数测试仪

图 6-8　XL3418C 型材料力学多功能实验台

的应变测试部分显示出来,该测试设备配备有微机接口,所有数据可由计算机分析处理打印。

三、操作步骤

（1）将所做实验的试件通过有关附件连接到架体相应位置,连接拉压力传感器和加载件到加载机构上去。

（2）连接传感器电缆线到仪器传感器输入插座,连接应变片导线到仪器的各个通道接口上去。

（3）打开仪器电源,预热约20min 左右,输入传感器量程及灵敏度和应变片灵敏系数(一般首次使用时已调好,如实验项目及传感器没有改变,可不必重新设置),在不加载的情况下将测力显示值和应变显示值调至零。

（4）在初始值以上对各试件进行分级加载,转动手轮速度要均匀,记下各级力值和试件产生的应变值,进行计算、分析和验证,如已与微机连接,则全部数据可由计算机进行简单的分析并打印。

四、注意事项

（1）实验台初次使用时,应调节实验台下面四只底盘上的螺杆,将支撑梁顶面调至水平,

放上弯曲梁组件,使弯曲梁上两根加载杆处于自由状态,不碰到中间槽钢圆孔周边。

(2)每次实验最好先将试件摆放好,仪器接通电源,打开仪器预热约20min左右,讲完课再做实验。

(3)各项实验不得超过规定的终载的最大拉、压力。

(4)加载机构作用行程为50mm,手轮转动快到行程末端时应缓慢转动,以免撞坏有关定位件。

(5)所有实验进行完后,应释放加力机构,最好拆下试件,以免闲杂人员乱动损坏传感器和有关试件。

(6)蜗杆加载机构每半年或定期加润滑机油,避免干磨损,缩短使用寿命。

第七节 XL2118C 型力 & 应变综合参数测试仪简介

XL2118C 型力 & 应变综合参数测试仪包括测力(称重)模块与普通应变测试模块两部分,测力与普通应变测试同时并行工作且互不影响,实验过程中,能同时观测力值和应变值。

该综合参数测试仪能通过配接各种材料力学多功能实验台,完成电测法相关的材料力学实验;也可配接各类力传感器、电阻应变式位移计、应变计及应变花等进行各种不同类型的工程测试。

一、主要技术指标

(1)测量范围:0 ~ ±19999με。

(2)零点不平衡范围:±10000με。

(3)灵敏度系数设定范围:1.000 ~ 3.000。

(4)基本误差:±0.1% F. S. ±1digit。

(5)测量方式:1/4 桥、半桥、全桥。

(6)桥压:DC2V。

(7)零点漂移:±3με/4h。

(8)温度漂移:±1με/℃。

(9)工作模式:本机自控/计算机外控。

(10)通道数:16 通道。

(11)应变显示:6 屏 7 位 LED——2 位显示通道号,5 位显示测量应变值。

(12)电源:AC220V,50Hz。

(13)功耗:15W。

(14)外形尺寸(mm):319×322×146。

二、测力模块的使用

初次使用 XL2118C 型力 & 应变综合参数测试仪(图6-9)或当测试需要更换测力传感器时,应首先进行测力模块的标定。标定测力功能模块时,应设置力传感器的满量程与灵敏度(部分厂家将该指标定义为额定输出)两个指标。

在测力传感器处于零载荷状态下,按住"清零"键约 2s 即可清除传感器的初始零点。

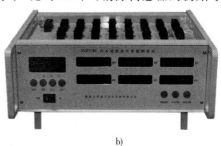

a)　　　　　　　　　　　　　　　b)

图 6-9　XL2118C 型力 & 应变综合参数测试仪

三、应变测量模块的使用

1. 准备工作

根据测试要求,使用 1/4 桥(半桥单臂、公共补偿),半桥或全桥测量方式。

将 XL2118C 与 AC 220V,50Hz 电源相连接。

2. 接线

打开仪器上面板,会看到接线部分有很多接线端子,这些接线端子由 16 个测量通道接线端子(接工作片),和一个公共补偿接线端子(用于 1/4 桥—半桥单臂测试)组成。各个测点中接线端子 A、B、C、D 的定义与惠斯登电桥中的节点 A、B、C、D 相对应。B1 为测量电桥的辅助接线端,以实现 1/4 桥测试时的稳定测量,半桥、全桥测试时不使用 B1 端。

XL2118C 型力 & 应变综合参数测试仪不支持 3 种组桥方式的混接。

3. 测量参数设定

根据实际测试需要接好桥路后,首先打开电源、预热 20min 后,开始设置应变测量模块的测试参数。在仪器手动状态,手动工作指示灯亮时,按下"系数设定"键,LED 显示"SET-UP"字样并闪烁三次后进入灵敏系数设定状态。

在设定状态,测量模块的"自动平衡"键与"通道切换"键被重新定义,其功能如下:

自动平衡——从左到右循环移动闪烁位。

通道切换——循环递增闪烁位数值,从 0 到 9 递增,到 9 后,再按该键则数值又变为 0。

4. 测量

仪器预热 20min,同时应变测量模块的灵敏系数 K 设定确认无误后,即可进行测试。

(1)预调平衡:按下"自动平衡"键约 2s,系统自动对 CH01 ~ CH16 全部测点进行预读数法自动平衡,平衡完毕后返回测量状态。

(2)测力模块清零:在测力传感器不受载荷的情况下,按下测力模块的"清零"键,即可对传感器测试通道进行清零操作。

(3)完成应变测量模块的预调平衡操作和测力模块的清零操作后,即可根据力学实验要求进行测试了。期间只需要使用者通过"通道切换"操作根据所连接应变片的测点选择观测屏幕即可。即:CH01 ~ CH06、CH07 ~ CH12、CH13 ~ CH16。

(4)当测力模块或应变测试模块的 LED 显示" － － － － － － "时,表示该测点输入过载或平衡失败,请检查应变片或接线是否正常。

四、使用注意事项

(1)1/4 桥测量时,工作片与补偿片电阻值、灵敏系数应相同;同时温度系数也应尽量相同(选用同一厂家同一批号的应变片)。

(2)接线时如采用叉线请旋紧螺栓;同时测量过程中不得移动测量导线。

(3)长距离多点测量时,应选择线径、线长一致的导线连接工作片和补偿片。同时导线应采用绞合方式,以减少导线的分布电容。

(4)尽量选用对地绝缘阻抗大于 500MΩ 的应变片和测试电缆。

附录 A 线性拟合

在力学实验测量的过程中,许多时候由实验测得的两个物理量之间都存在线性关系,例如低碳钢拉伸实验的弹性阶段,轴向拉力与轴向应变之间就是线性关系。在处理这样的一组数据时,由于诸多方面的原因,实验测量结果会出现一定的误差,数据点并不精确地落在绝对的一条直线上,而是出现一定的分散性。这时就需要将这一组实验数据拟合成直线,即线性拟合,具体方法如下。

设 x 和 y 分别代表由实验测出的两个物理量,假设两者之间的最佳直线关系为:

$$y = kx + b \tag{A-1}$$

式中:k——直线的斜率,$k = \tan\alpha$;

b——直线在 y 轴上的截距(图 A-1)。

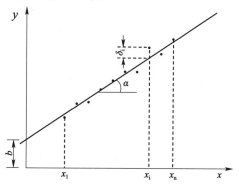

图 A-1 离散实验数据点的拟合直线

一般把轴力、弯矩或扭矩等作为自变量 x,而把相应的轴向变形、弯曲应变或扭转角等作为因变量 y。

若实验过程中,当自变量为 x_i 时,与此对应的因变量测量数据为 y_i。而在最佳直线 $y = kx + b$ 上,与 x_i 对应的纵坐标则为($kx_i + b$),由于实验误差等原因,两者之间存在一定的差值为:

$$\delta_i = y_i - (kx_i + b) = y_i - kx_i - b \tag{A-2}$$

根据最小二乘原理,当由式(A-2)表示的差值的平方和为最小值时,则式(A-1)表示的直线是最靠近这些实验数据点的直线,即为最佳直线。假设通过实验共测量出了 n 个实验数据点,由式(A-2)可以得到差值 δ_i 的平方和为:

$$Q = \sum_{i=1}^{n} \delta_i^2 = \sum_{i=1}^{n} (y_i - kx_i - b)^2 \tag{A-3}$$

欲使 Q 为最小值,则要求:

$$\frac{\partial Q}{\partial k} = -2 \sum_{i=1}^{n} (y_i - kx_i - b) x_i = 0 \tag{A-4}$$

$$\frac{\partial Q}{\partial b} = -2\sum_{i=1}^{n} (y_i - kx_i - b) = 0 \qquad\qquad (\text{A-5})$$

将上式(A-4)、式(A-5)进行整理,可以得到下列关于 k,b 的方程组:

$$\sum_{i=1}^{n} x_i y_i - k\sum_{i=1}^{n} x_i^2 - b\sum_{i=1}^{n} x_i = 0 \qquad\qquad (\text{A-6})$$

$$\sum_{i=1}^{n} y_i - k\sum_{i=1}^{n} x_i - nb = 0 \qquad\qquad (\text{A-7})$$

解上述关于 k,b 的联立方程组,可得:

$$k = \frac{\sum_{i=1}^{n} x_i \sum_{i=1}^{n} y_i - n\sum_{i=1}^{n} x_i y_i}{\left(\sum_{i=1}^{n} x_i\right)^2 - n\sum_{i=1}^{n} x_i^2} \qquad\qquad (\text{A-8})$$

$$b = \frac{\sum_{i=1}^{n} x_i y_i \sum_{i=1}^{n} x_i - \sum_{i=1}^{n} x_i^2 \sum_{i=1}^{n} y_i}{\left(\sum_{i=1}^{n} x_i\right)^2 - n\sum_{i=1}^{n} x_i^2} \qquad\qquad (\text{A-9})$$

这就确定了直线方程(A-1)中的斜率 k 和截距 b,即完全确定了拟合直线。

附录 B　数值修约规定

在实验中经常需要根据精度所要求的有效数字位数对测量结果进行修约。国家标准《数值修约规则与极限数值的表示和判定》(GB/T 8170—2008)对实验测量数值的修约做了详细的规定,其中数值进舍规则可以概括为"四舍六入五考虑,五后非零应进一,五后皆零视奇偶,五前为偶应舍去,五前为奇则进一"。具体说明如下。

(1)在拟舍弃的数字中,当左边第一个数字小于5(不包括5)时,则直接舍去,所欲保留的实验数据末位数字不变。例如,表 B-1 为将数值修约到两位小数(修约间隔为0.01)的情况。

数值修约规则示例 1　　　　　　　　　　　　　　　　　　表 B-1

修约前	68.45401	37.0325	7.24349	314.133	0.7826132
修约后	68.45	37.03	7.24	314.13	0.78

(2)在拟舍弃的数字中,当左边第一个数字大于5(不包括5)时,则进一,所欲保留的实验数据末位数字加一。例如,表 B-2 为将数值修约到1位小数(修约间隔为0.1)的情况。

数值修约规则示例 2　　　　　　　　　　　　　　　　　　表 B-2

修约前	68.46401	37.0925	7.2749	314.389	0.7826132
修约后	68.5	37.1	7.3	314.4	0.8

(3)在拟舍弃的数字中,当左边第一个数字等于5,其右边无数字或数字皆为零时,此时是直接舍弃还是进一,则要看所欲保留的实验数据末位数字。若为奇数,则进一;若为偶数(包括零),则直接舍弃。例如,表 B-3 为将数值修约到个位数(修约间隔为1)的情况。

数值修约规则示例 3　　　　　　　　　　　　　　　　　　表 B-3

修约前	68.5	370.500	723.500	312.5	89.5000
修约后	68	370	724	312	90

(4)在拟舍弃的数字中,当左边第一个数字等于5,其右边的数字并非全部为零时,则进一,所欲保留的实验数据末位数字加一。例如,表 B-4 为将数值修约到百位数(修约间隔为100)的情况。

数值修约规则示例 4　　　　　　　　　　　　　　　　　　表 B-4

修约前	68450.1	37059.7	72351.3	31257.10	78951.07
修约后	68500	37100	72400	31300	79000

(5)当拟舍弃的数字为两位以上数字时,不得连续进行多次修约。应根据拟舍弃数字中左边第一个数字的大小,直接按上述规则一次修约得出结果。

附录 C 电阻应变花测量平面应力状态下主应力和主方向的原理

在平面应力状态下,单元体在不同方位上的应力及应变均不同。为了通过应变测量应力,必须掌握不同方位上应变之间的关系,即平面应变状态的应变分析公式(详细推导见材料力学教材相关章节):

$$\varepsilon_\alpha = \frac{\varepsilon_x + \varepsilon_y}{2} + \frac{\varepsilon_x - \varepsilon_y}{2}\cos2\alpha - \frac{\gamma_{xy}}{2}\sin2\alpha \tag{C-1}$$

$$\gamma_\alpha = -(\varepsilon_x - \varepsilon_y)\sin2\alpha + \gamma_{xy}\cos2\alpha \tag{C-2}$$

式中:ε_x——沿 x 方向的线应变;

ε_y——沿 y 方向的线应变;

γ_{xy}——剪应变;

ε_α——与 x 轴夹角为 α 方向上的线应变;

γ_α——与 x 轴倾斜 α 角的单元体的直角改变量。

只要知道单元体的 ε_x、ε_y 和 γ_{xy},就可以根据公式(C-1)计算任意方向的线应变 ε_α,根据公式(C-2)计算与 x 轴倾斜 α 角的单元体的直角改变量 γ_α。并且可以推导出主应变 ε_1,ε_2 和主方向的计算公式(详细推导见材料力学教材相关章节)为:

$$\begin{matrix}\varepsilon_1\\\varepsilon_2\end{matrix} = \frac{\varepsilon_x + \varepsilon_y}{2} \pm \frac{1}{2}\sqrt{(\varepsilon_x - \varepsilon_y)^2 + \gamma_{xy}^{~2}} \tag{C-3}$$

$$\tan2\alpha_0 = \frac{\gamma_{xy}}{\varepsilon_x - \varepsilon_y} \tag{C-4}$$

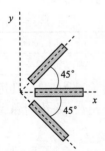

图 C-1 三轴 45°应变花

但是在应变电测方法中,ε_x 和 ε_y 可以直接测量,而 γ_{xy} 不能直接测量。所以通常再增加测量某一斜方向上的线应变,通过测量三个方向上的线应变来测量主应变和主方向。现以"三轴 45°应变花"为例来说明(图 C-1)。

设三轴 45°应变花的中间一片应变片的方向为 x 轴,则两边的另两片应变片分别测量的是与 x 轴夹角为 ±45°方向的线应变,将 $\alpha = \pm45°$,$\alpha = 0°$ 分别代入公式(C-1)中,则可以得到关于 ε_x,ε_y 和 γ_{xy} 的三元一次线性方程组:

$$\begin{cases}\varepsilon_{-45°} = \dfrac{\varepsilon_x + \varepsilon_y}{2} + \dfrac{\varepsilon_x - \varepsilon_y}{2}\cos(-90°) - \dfrac{\gamma_{xy}}{2}\sin(-90°) \\[2mm] \varepsilon_{0°} = \dfrac{\varepsilon_x + \varepsilon_y}{2} + \dfrac{\varepsilon_x - \varepsilon_y}{2} \\[2mm] \varepsilon_{45°} = \dfrac{\varepsilon_x + \varepsilon_y}{2} + \dfrac{\varepsilon_x - \varepsilon_y}{2}\cos(90°) - \dfrac{\gamma_{xy}}{2}\sin(90°)\end{cases} \tag{C-5}$$

求解上述关于 $\varepsilon_x, \varepsilon_y$ 和 γ_{xy} 的方程组(C-5),得到:

$$\begin{cases} \varepsilon_x = \varepsilon_{0°} \\ \varepsilon_y = \varepsilon_{-45°} + \varepsilon_{45°} - \varepsilon_{0°} \\ \gamma_{xy} = \varepsilon_{45°} - \varepsilon_{-45°} \end{cases} \tag{C-6}$$

将式(C-6)代入式(C-3)和式(C-4),即可求得单元体的主应变 $\varepsilon_1, \varepsilon_2$ 和主方向 α_0。根据广义胡克定律:

$$\sigma_1 = \frac{E}{1 - \mu^2}(\varepsilon_1 + \mu\varepsilon_2) \tag{C-7}$$

$$\sigma_2 = \frac{E}{1 - \mu^2}(\varepsilon_2 + \mu\varepsilon_1) \tag{C-8}$$

若再将得到的主应变 $\varepsilon_1, \varepsilon_2$ 代入公式(C-7)、(C-8),则可以推导出三轴 45°应变花测量相应的主应力 σ_1, σ_2 的计算公式:

$$\frac{\sigma_1}{\sigma_2} = \frac{E(\varepsilon_{45°} + \varepsilon_{-45°})}{2(1 - \mu)} \pm \frac{\sqrt{2}E}{2(1 + \mu)} \sqrt{(\varepsilon_{0°} - \varepsilon_{45°})^2 + (\varepsilon_{0°} - \varepsilon_{-45°})^2} \tag{C-9}$$

附录 D 力学性能测试实验常用标准列表

标 准 编 号	标 准 名 称
GB/T 10623—2008	金属材料 力学性能试验术语
GB/T 228.1—2010	金属材料 拉伸试验 第1部分:室温试验方法
GB/T 231.1—2018	金属材料 布氏硬度试验 第1部分:试验方法
GB/T 230.1—2018	金属材料 洛氏硬度试验 第1部分:试验方法
GB/T 7314—2017	金属材料 室温压缩试验方法
GB/T 10128—2007	金属材料 室温扭转试验方法
YB/T 5349—2014	金属材料 弯曲力学性能试验方法
GB/T 229—2007	金属材料 夏比摆锤冲击试验方法
GB/T 228.2—2015	金属材料 拉伸试验 第2部分:高温试验方法
GB/T 13239—2006	金属材料 低温拉伸试验方法
GB/T 3075—2008	金属材料 疲劳试验 轴向力控制方法
GB/T 4337—2015	金属材料 疲劳试验 旋转弯曲方法
GB/T 6398—2017	金属材料 疲劳试验 疲劳裂纹扩展方法
GB/T 4161—2007	金属材料 平面应变断裂韧度 KIC 试验方法
GB/T 7732—2008	金属材料 表面裂纹拉伸试样断裂韧度试验方法
GB/T 5027—2016	金属材料 薄板和薄带 塑性应变比(r值)的测定
GB/T 5028—2008	金属材料 薄板和薄带 拉伸应变硬化指数(n值)的测定
GB/T 1040.1—2006	塑料 拉伸性能的测定 第1部分:总则
GB/T 1041—2008	塑料 压缩性能的测定
GB/T 9341—2008	塑料 弯曲性能的测定
GB/T 1043.1—2008	塑料 简支梁冲击性能的测定 第1部分:非仪器化冲击试验
GB/T 10700—2006	精细陶瓷弹性模量试验方法 弯曲法
GB/T 8489—2006	精细陶瓷压缩强度试验方法
GB/T 6569—2006	精细陶瓷弯曲强度试验方法
GB/T 3354—2014	定向纤维增强聚合物基复合材料拉伸性能试验方法
GB/T 3355—2014	聚合物基复合材料纵横剪切试验方法
GB/T 8170—2008	数值修约规则与极限数值的表示和判定

参 考 文 献

[1] 杜云海. 材料力学实验[M]. 郑州:郑州大学出版社,2012.

[2] 郑世瀛,陈时通,邢建新. 材料力学综合实验[M]. 成都:西南交通大学出版社,2006.

[3] 付朝华,付德贵,蒋小林. 材料力学实验[M]. 北京:清华大学出版社,2010.

[4] 贾杰,丁卫. 力学实验教程[M]. 北京:清华大学出版社,2012.

[5] 计欣华,邓宗白,鲁阳. 工程实验力学[M]. 北京:机械工业出版社,2010.

[6] 张明,苏小光,王妮. 力学测试技术基础[M]. 北京:国防工业出版社,2008.

[7] 庄表中,王惠明. 应用理论力学实验[M]. 北京:高等教育出版社,2009.

[8] 贾有权. 材料力学实验[M]. 北京:高等教育出版社,1985.

[9] 刘鸿文,吕荣坤. 材料力学实验[M]. 北京:高等教育出版社,2017.

[10] 赵志岗. 基础力学实验[M]. 北京:机械工业出版社,2004.

[11] 王谦源,陈凡秀,韩明岚,等. 工程力学实验教程[M]. 北京:科学出版社,2016.

[12] 王杏根,胡鹏,李誉. 工程力学实验[M]. 武汉:华中科技大学出版社,2008.

[13] 金保森,卢智先. 材料力学实验[M]. 北京:机械工业出版社,2003.

[14] 陈巨兵,林卓英,余征跃. 工程力学实验教程[M]. 上海:上海交通大学出版社,2007.

[15] 王绍铭,邢建新,高芳清,等. 材料力学实验教程[M]. 成都:西南交通大学出版社,2008.

[16] 张天军,韩江水,屈钧利. 实验力学[M]. 西安:西北工业大学出版社,2008.

[17] 张亦良. 工程力学实验[M]. 北京:北京工业大学出版社,2010.

[18] 李晓菊. 材料力学实验. 北京建筑工程学院(校内讲义),2010.

基础力学实验报告

实验名称:＿＿＿＿＿＿＿＿＿＿＿＿

姓　　名:＿＿＿＿＿＿＿＿＿＿＿＿

学　　号:＿＿＿＿＿＿＿＿＿＿＿＿

班　　级:＿＿＿＿＿＿＿＿＿＿＿＿

同组成员:＿＿＿＿＿＿＿＿＿＿＿＿

实验日期:＿＿＿＿＿＿＿＿＿＿＿＿

实验成绩:＿＿＿＿＿＿＿＿＿＿＿＿

教师签字:＿＿＿＿＿＿＿＿＿＿＿＿

实验报告一　摩擦因数的测定实验

一、实验目的

二、实验仪器和设备

三、实验原理及原理简图(简述)

四、计算公式推导

自行推导计算动、静滑动摩擦因数的公式(要求有受力图、推导过程)。

五、实验结果与数据处理

（1）实验计算公式。

①静摩擦因数的实验计算公式：

②动摩擦因数的实验计算公式：

（2）实验数据的记录与处理（滑动试块上挡光片的宽度为 20 mm）。

动摩擦因数测试　　　　　　　　　　　　表1

接触面材料											
斜面倾角 θ(°)											
第1次测试	时间记录（ms）	T_1	T_2	T_3	T_1	T_2	T_3	T_1	T_2	T_3	
	加速度（m/s²）										
	动摩擦因数 f_d										
第2次测试	时间记录（ms）	T_1	T_2	T_3	T_1	T_2	T_3	T_1	T_2	T_3	
	加速度（m/s²）										
	动摩擦因数 f_d										
第3次测试	时间记录（ms）	T_1	T_2	T_3	T_1	T_2	T_3	T_1	T_2	T_3	
	加速度（m/s²）										
	动摩擦因数 f_d										
动摩擦因数平均值 f_{davg}											

静摩擦因数测试　　　　　　　　　　　　表2

接触面材料			
摩擦角 θ(°)			
静摩擦因数 f_s			
静摩擦因数平均值 f_{savg}			

六、分析与思考

（1）谈谈你对摩擦的认识和理解，以及库仑摩擦定律有何优缺点。

（2）摩擦因数与哪些因素有关？

（3）试分析可能引起误差的原因。

(4)通过本次实验,有何收获和体会?

实验报告二　单自由度系统振动测试实验

一、实验目的

二、实验仪器和设备

三、实验原理及原理简图（简述）

四、计算公式推导

自行推导计算系统的衰减振动频率、衰减系数、阻尼系数和阻尼比的公式（要求有受力图、推导过程）。

五、实验结果与数据处理

(1)测量单自由度系统的刚度和固有频率。

竖向变形记录表　　　　　　　　　　　　　表1

砝码重 $W(\mathrm{g})$	$W_1 =$	$W_2 =$	$W_3 =$	$W_4 =$	$W_5 =$	$W_6 =$
变形量(mm)						
变形增量(mm)						
变形增量平均值 Δl(mm)						

砝码挂重按等增量 $\Delta W = 0.98\mathrm{N}$ 施加,按下式计算系统的刚度:

$$k = \frac{\Delta W}{\Delta l}$$

已知振子质量为 $m = 0.138\mathrm{kg}$,按下式计算固有频率:

$$f_{\mathrm{n}} = \frac{\omega_{\mathrm{n}}}{2\pi} = \frac{1}{2\pi}\sqrt{\frac{k}{m}}$$

(2)测量单自由度系统的衰减振动频率、衰减系数、阻尼系数和阻尼比。

单自由度系统自由衰减振动数据记录表　　　　表2

测量次数			1	2	3	4	5
第1个周期	波峰数据	位移(mm)					
		时间(s)					
	波谷数据	位移(mm)					
		时间(s)					
$i+1$ 周	波峰数据	位移(mm)					
		时间(s)					
	波谷数据	位移(mm)					
		时间(s)					
相隔周期数 i							
衰减振动周期 T_{d}(s)							
衰减振动频率 f_{d}(Hz)							
衰减系数 η							
阻尼系数 n							
阻尼比 ξ							

多次测量结果求平均值,最终实验结果:衰减振动周期 $T_{\mathrm{d}} =$ _____ ,衰减振动频率 $f_{\mathrm{d}} =$ _____ ,衰减系数 $\eta =$ _____ ,阻尼系数 $n =$ _____ ,阻尼比 $\xi =$ _____ 。

六、分析与思考

（1）当施加不同的初始条件进行振动时（如初始位移不同，或初始速度不同），衰减振动频率、衰减系数、阻尼系数和阻尼比的测量结果是否会改变？

（2）衰减振动频率、衰减系数、阻尼系数和阻尼比与哪些因素有关？

（3）在实际工程中或日常生活中，什么情况要求阻尼比越大越好？什么情况要求阻尼比越小越好？

（4）通过本次实验，有何收获和体会？

实验报告三　　重心测试实验

一、实验目的

二、实验仪器和设备

三、实验原理及原理简图(简述)

四、计算公式推导

自行推导称重法测量时计算重心位置 x_C 的公式(要求有受力图、推导过程)。

五、实验结果与数据处理

(1)画出悬吊法测量重心的试件轮廓图,两次不同悬挂点时的重力作用线,以及重心的位置。

(2)称重法测量不规则物体的重心(重复测量3次)。

实验数据记录(第1次测量)　　　　　　　　　　　　　　　　　表1

参数 称重	支点总重量 (N)	积木块重量 (N)	连杆所受支持力 F_1或F_2(N)	两支点之间的 距离 l (mm)	重心位置 x_C (mm)	连杆重量 (N)
第 1 次称重 (大头在台秤上)						
第 2 次称重 (小头在台秤上)						

实验数据记录(第2次测量)　　　　　　　　　　　　　　　　　表2

参数 称重	支点总重量 (N)	积木块重量 (N)	连杆所受支持力 F_1或F_2(N)	两支点之间 的距离 l(mm)	重心位置 x_C (mm)	连杆重量 (N)
第 1 次称重 (大头在台秤上)						
第 2 次称重 (小头在台秤上)						

实验数据记录(第3次测量)　　　　　　　　　　　　　　　　　表3

参数 称重	支点总重量 (N)	积木块重量 (N)	连杆所受支持力 F_1或F_2(N)	两支点之间的距离 l(mm)	重心位置 x_C (mm)	连杆重量 (N)
第 1 次称重 (大头在台秤上)						
第 2 次称重(小 头在台秤上)						

(3)用形心公式 $x_C = \dfrac{\sum A_i x_i}{\sum A_i}$ 计算均质型钢板组合体的形心位置。

六、分析与思考

(1)谈谈你对该实验的认识和理解,以及是否可以进一步改进和优化实验方案。

(2)试分析哪些操作会引起测量误差,以及如何尽量减小测量误差。

(3)均质不规则物体的形心与重心是否重合?为什么?

（4）通过本次实验，有何收获和体会？

实验报告四　转动惯量测试实验

一、实验目的

二、实验仪器和设备

三、实验原理及原理简图（简述）

四、计算公式推导

自行推导三线摆圆盘绕中心轴 O_1O_2 的转动惯量计算公式（要求有受力图、推导过程）。

五、实验结果与数据处理

（1）测量圆盘绕中心轴的转动惯量。

圆盘质量 $m_0 =$ ＿＿＿＿，上悬挂点与其悬挂中心的距离 $r =$ ＿＿＿＿，下悬挂点与圆盘中心的距离 $R =$ ＿＿＿＿，上悬挂点与圆盘的垂直距离 $H_0 =$ ＿＿＿＿。

测量圆盘的转动惯量　　　　　　　　　　　　　表1

测量次数	扭摆20次总时间（s）	平均周期 T（s）	转动惯量 I_0（kg·m²）		误差（%）
			理论值	实验值	
1					
2					
3					
4					

重复测量4次，比较每次测量时转动惯量的实验值与理论值的误差。

（2）用等效理论方法测试复杂物体的转动惯量。

小圆柱体的质量 $m' =$ ＿＿＿＿，小圆柱体直径 $d =$ ＿＿＿＿。

测量转动惯量与周期之间的关系　　　　　　　　表2

两个小圆柱体之间的距离（mm）	20	30	40	50	60	70
圆盘20次扭摆的总时间（s）						
平均周期（s）						
两个小圆柱体的转动惯量（kg·m²）						

根据实验数据，在下面坐标系上绘制转动惯量与周期的关系曲线：

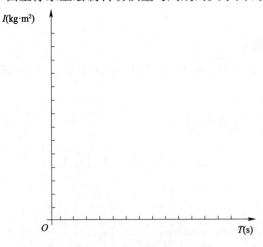

图1　转动惯量与扭摆周期的拟合直线

不规则物体扭摆振动20次的总时间为＿＿＿＿，平均周期 $T =$ ＿＿＿＿，对应的转动惯量 $I =$ ＿＿＿＿。

（3）验证平行轴定理：利用上述已经测得的数据，根据公式（2-24）、（2-25）分别计算出两个圆柱体对中心转轴 O_1O_2 的转动惯量的测量值与理论值，并进行比较。

验证平行轴定理　　　　　　　　　　　　　　　表3

两个小圆柱体之间的距离（mm）		20	30	40	50	60	70
扭摆振动的平均周期（s）							
单个小圆柱体的转动惯量（kg·m²）	测量值［根据公式（2-24）计算］						
	理论值［根据公式（2-25）计算］						
误差（%）							

六、分析与思考

（1）用三线摆测量转动惯量时，为什么必须保持实验台底座及圆盘水平？

（2）测量过程中如果圆盘出现晃动，对周期的测量有影响吗？如果有，该如何避免？

（3）三线摆的振幅受到空气的阻尼会逐渐变小，它的周期会随时间变化吗？对测量结果有何影响？

(4)三线摆圆盘上放置待测物体后,其摆动周期是否一定比空盘的周期大? 为什么?

(5)分析当不规则物体的质心与圆盘的中心相距较大时,对实验精度有何影响。

实验报告五　金属材料的拉伸、压缩实验

一、实验目的

二、实验仪器和设备

三、实验原理(简述)

四、数据记录与结果处理

试样原始尺寸　　　　　　　　　　　　　表1

材　料	原始标距 L_0 （mm）	直径 d_0 （mm）									原始横截面积 A_0 （mm²）
		截面 I			截面 II			截面 III			
		1	2	平均	1	2	平均	1	2	平均	
低碳钢(拉)											
铸铁(拉)											
低碳钢(压)											
铸铁(压)											

实 验 数 据　　　　　　　　　　　　　表 2

材　料	屈服载荷 F_s (kN)	最大载荷 F_b (kN)	断后标距 L_1 (mm)	断后(颈缩处)最小直径 d_1 (mm)			断后最小横截面积 A_1 (mm²)
				1	2	平均	
低碳钢(拉)							
铸铁(拉)							
低碳钢(压)							
铸铁(压)							

结 果 处 理　　　　　　　　　　　　　表 3

材　料	强 度 指 标		塑 性 指 标	
	屈服强度 σ_s (MPa)	抗拉(压)强度 σ_b (MPa)	断后伸长率 δ (%)	断面收缩率 ψ (%)
低碳钢(拉)				
铸铁(拉)				
低碳钢(压)				
铸铁(压)				

计算公式：

绘制 $F\text{-}\Delta L$ 曲线、断口及试样破坏形状图(定性画出,但不能失真)　　　表 4

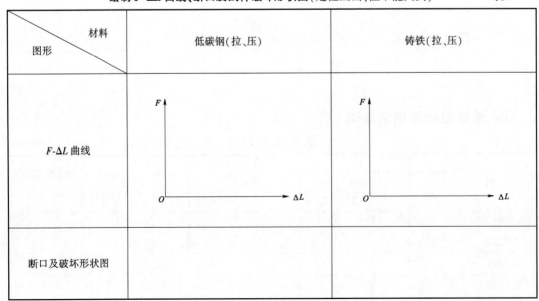

图形 ＼ 材料	低碳钢(拉、压)	铸铁(拉、压)
$F\text{-}\Delta L$ 曲线		
断口及破坏形状图		

五、思考题

(1)实验时,加载的速度为什么必须均匀缓慢?

(2)拉伸、压缩实验为什么必须采用比例试样?

(3)低碳钢拉伸曲线 $F\text{-}\Delta L$ 曲线分几个阶段? 每个阶段,力与变形有什么关系? 有什么现象?

(4)为什么铸铁受压破坏时,断裂面与轴线大约成45°左右？试分析其原因。

(5)以低碳钢、铸铁为代表,比较塑性材料和脆性材料的力学性能。

实验报告六　弹性模量的测定(机测法)

一、实验目的

二、实验仪器和设备

三、实验原理及原理简图(简述)

四、数据记录与结果处理

试 样 原 始 尺 寸　　　　　　　　　表1

材　料	引伸计标距 L_e (mm)	直径 d_0 (mm)									横截面面积 (平均) A_0 (mm²)
		截面 I			截面 II			截面 III			
		1	2	平均	1	2	平均	1	2	平均	
低碳钢											

实验数据及结果处理 表2

载荷 F（kN）		轴向伸长量 ΔL_e（m m）		弹性模量 E（MPa）
载荷总量 F	载荷增量 ΔF	伸长量 ΔL_e	增量 $\delta(\Delta L_e)_i$	计算公式及结果
...				
增量 $\delta(\Delta L_e)_i$ 的平均值 $\delta(\Delta L_e)_{i均}$（mm）				

五、分析与思考

（1）谈谈你对胡克定律的认识和理解，以及如何用实验数据验证胡克定律。

（2）用逐级等增量加载法求出的弹性模量 E 与用一次加载法求出的弹性模量 E 是否相同？为什么？

（3）试样的尺寸、形状对测定弹性模量 E 有无影响？

实验报告七　材料弹性模量 E 和泊松比 μ 的测定

一、实验目的

二、实验设备及材料

三、实验原理及原理简图(简述)

四、数据记录与结果处理

1.试样原始尺寸

试 样 原 始 尺 寸　　　　　　　　　　　　表1

实验台顺序号	试件厚度 $h(\mathrm{mm})$	试件宽度 $b(\mathrm{mm})$	横截面面积 $A_0 = bh(\mathrm{mm}^2)$
弹性模量 $E =$　　　　GPa			
泊松比 $\mu =$			

2. 实验数据

实 验 数 据　　　　　　　　　　表 2

载荷 F（N）	载荷总量 F	500	1000	1500	2000	2500	平均值 （$\Delta F_{均}$）
	载荷增量 ΔF						
轴向应变 ε_1 读数（$\mu\varepsilon$）							轴向应变 增量平均 值（$\Delta\varepsilon_{轴均}$）
轴向应变 ε_2 读数（$\mu\varepsilon$）							
轴向应变 ε_3 读数（$\mu\varepsilon$）							
轴向应变 ε_4 读数（$\mu\varepsilon$）							
轴向应变平均值（$\mu\varepsilon$） $\varepsilon_{轴}=\dfrac{\varepsilon_1+\varepsilon_2+\varepsilon_3+\varepsilon_4}{4}$	增量						
横向应变 ε_5 读数（$\mu\varepsilon$）							横向应变 增量平均 值（$\Delta\varepsilon_{横均}$）
横向应变 ε_6 读数（$\mu\varepsilon$）							
横向应变平均值（$\mu\varepsilon$） $\varepsilon_{横}=\dfrac{\varepsilon_5+\varepsilon_6}{2}$	增量						

3. 实验结果处理

（1）弹性模量计算。

$$E = \frac{\Delta F_{均}}{\Delta\varepsilon_{轴均} \cdot A_0}$$

（2）泊松比计算。

$$\mu = \left| \frac{\Delta\varepsilon_{横均}}{\Delta\varepsilon_{轴均}} \right|$$

五、思考题

(1)分析纵向应变片、横向应变片粘贴不准,对测试结果的影响。

(2)根据实验测得的 $E_{实}$、$\mu_{实}$ 值与已知 $E_{理}$、$\mu_{理}$ 值作对比,分析误差产生的原因。

(3)采用什么措施可消除偏心弯曲的影响?

(4)通过本次实验,有何收获和体会?

实验报告八　偏心拉伸实验

一、实验目的

二、实验仪器和设备

三、实验原理及原理简图(简述)

四、计算公式推导

自行推导计算轴力、弯矩、偏心距的公式(要求有推导过程)。

五、实验结果与数据处理

试样原始尺寸及相关参数计算　　　　　　　　　　表1

实验台顺序号	试件厚度 $h(\text{mm})$	试件宽度 $b(\text{mm})$	横截面面积 $A_0 = bh(\text{mm}^2)$
弹性模量 $E =$ 　　　　GPa			
弯曲截面系数 $W_z =$ 　　　　mm^3			

轴力的测量实验数据记录　　　　　　　　　　　　　　　　表 2

加载级数		应变数据记录			测量桥路图
		读数应变 ε_{du}	拉伸应变 ε_F	增量	
$F_1 = 500$	ΔF				
$F_2 = 1000$					
$F_3 = 1500$					
$F_4 = 2000$					
$F_5 = 2500$					
拉伸应变读数增量平均值 $\Delta\varepsilon_{\overline{\mp}i}$					
轴力增量实测值 ΔF					

弯矩及偏心矩的测量实验数据记录　　　　　　　　　　表 3

加载级数	读数应变 ε_{du}	弯曲应变 ε_M	弯矩 M（N·m）	偏心距 e（mm）	测量桥路图
$F_1 = 500$					
$F_2 = 1000$					
$F_3 = 1500$					
$F_4 = 2000$					
$F_5 = 2500$					

注：计算时应先将表中的微应变 $\mu\varepsilon$ 换算成应变值，再代入公式计算。

计算公式及过程：

六、分析与思考

（1）可否利用偏心拉伸实验测量材料的弹性模量？简述实验方法。

（2）上述偏心拉伸实验可否用于测量材料的泊松比？如果需要增加粘贴应变片，怎样布置合适？请简述测量电桥选择和布片方案。

（3）试分析可能引起误差的原因。

(4)通过本次实验,有何收获和体会?

实验报告九　金属材料的扭转实验

一、实验目的

二、实验设备及材料

三、实验原理及原理简图(简述)

四、数据记录与结果处理

实验数据　　　　　　　　　　　　　　　　　表1

材　料	试样直径 d_0 （mm）	抗扭截面系数 W_p （mm³）	屈服扭矩 T_s （N·m）	最大扭矩 T_b （N·m）
低碳钢				
铸铁				

计算公式及结果处理　　　　　　　　　　　　　表 2

材　料	计　算　结　果		T-ϕ 曲线及扭转断口破坏形状图
低碳钢	屈服强度 τ_s（MPa）		
	抗扭强度 τ_b（MPa）		
铸铁	抗扭强度 τ_b（MPa）		

五、思考题

（1）根据低碳钢、铸铁的扭转曲线图、试件断口形状及其测试结果，简述两者机械性能有什么不同。

（2）铸铁受扭时，为什么沿 45°～50°螺旋面破坏？低碳钢受扭时，为什么沿横截面扭断？

（3）铸铁在压缩和扭转破坏时，其断口方位都与轴线大致成 45°角，其破坏原因是否相同？

实验报告十 剪切弹性模量 G 的测定实验

一、实验目的

二、实验仪器和设备

三、实验原理及原理简图(简述)

四、计算公式推导

自行推导根据可测量的实验数据计算剪切弹性模量的公式(要求有推导过程)。

五、实验结果与数据处理

试样原始尺寸及相关参数计算　　　　　　　　　表 1

试验机顺序号	试件直径 d(mm)	抗扭截面系数 W_p(mm³)

实 验 数 据 记 录　　　　　　　　　表 2

扭矩 ($N \cdot m$)	剪应力 τ (MPa)	剪应力增量 $\Delta\tau$ (MPa)	应变数据记录		剪应力(τ)—剪应变(γ) 关系曲线图
			读数应变 ε_{du}	增量	
$T_1 = 5$		——		——	
$T_2 = 10$					
$T_3 = 15$					
$T_4 = 20$					
$T_5 = 25$					
剪应变增量平均值 $\Delta\gamma$					
剪切弹性模量 G					

注:计算时应先将表中的微应变 $\mu\varepsilon$ 换算成应变值,再代入公式计算。

计算公式及过程:

六、分析与思考

(1)简述剪切弹性模量 G 的物理意义。

（2）用拉伸或压缩实验的方法是否可以间接测量材料的剪切弹性模量 G？请简述实验方案。

（3）如果采用 1/4 桥的测量方法，用 45°应变片加温度补偿片进行单点测量，试推导出剪切弹性模量 G 与应变仪读数 ε_{du} 的计算关系式。

（4）上述剪切弹性模量 G 测量实验可否采用全桥的测量方法？如果需要增加粘贴应变片，怎样布置合适？请简述布片方案，并推导出剪切弹性模量 G 与全桥测量时应变仪读数 ε_{du} 的计算关系式。

(5)通过本次实验,有何收获和体会?

实验报告十一　应变片灵敏系数的标定

一、实验目的

二、实验仪器和设备

三、实验原理及原理简图(简述)

四、计算公式推导

自行推导由三点挠度仪计算应变的公式(要求有推导过程)。

五、实验结果与数据处理

相 关 计 算 参 数　　　　　　　　　　　　　　　　表1

实验台顺序号	三点挠度仪跨度 $L(\text{mm})$	标定实验梁高度 $H(\text{mm})$	电阻应变仪灵敏系数 K_0（设置值）

测试数据记录与处理　　　　　　　　　　　　　　表2

加载级数	$f_1 = 0.1\text{mm}$	$f_2 = 0.2\text{mm}$	$f_3 = 0.3\text{mm}$	$f_4 = 0.4\text{mm}$	$f_5 = 0.5\text{mm}$
实际应变($\mu\varepsilon$)					
R_1 应变仪读数($\mu\varepsilon$)					
$\Delta R_1/R_1$					
R_1 灵敏系数 K					
R_1 灵敏系数平均值 $K_{\text{avg}} =$					
R_2 应变仪读数($\mu\varepsilon$)					
$\Delta R_2/R_2$					
R_2 灵敏系数 K					
R_2 灵敏系数平均值 $K_{\text{avg}} =$					
R_3 应变仪读数($\mu\varepsilon$)					
$\Delta R_3/R_3$					
R_3 灵敏系数 K					
R_3 灵敏系数平均值 $K_{\text{avg}} =$					
R_4 应变仪读数($\mu\varepsilon$)					
$\Delta R_4/R_4$					
R_4 灵敏系数 K					
R_4 灵敏系数平均值 $K_{\text{avg}} =$					

六、分析与思考

(1)本实验加载过程中,是否需要知道载荷的大小?

（2）本实验可否使用半桥或全桥的测量方法？

（3）根据实验测试数据，结合理论公式，试分析应变与挠度之间是否为线性关系。

（4）试分析可能引起误差的原因。

(5)通过本次实验,有何收获和体会?

实验报告十二　矩形截面梁在纯弯曲时的正应力测定

一、实验目的

二、实验设备及仪器

三、实验原理及受力简图（简述）

四、数据记录与结果处理

矩形截面梁参数　　表1

实验台顺序号	弹性模量 E（GPa）	载荷与支座距离 a（mm）	梁高 h（mm）	梁宽 b（mm）	惯性矩 I_z（mm^4）

测 试 数 据　　　　　　　　　　　　　　　　表 2

各测点坐标 y_i		① $y_1 = 20\text{mm}$		② $y_2 = 10\text{mm}$		③ $y_3 = 0$		④ $y_4 = -10\text{mm}$		⑤ $y_5 = -20\text{mm}$	
施加在梁上的总载荷(N)		各测点电阻应变仪读数　（$\mu\varepsilon$）									
		读数	增量	读数	增量	读数	增量	读数	增量	读数	增量
$F_1 = 500$	ΔF										
$F_2 = 1000$											
$F_3 = 1500$											
$F_4 = 2000$											
$F_5 = 2500$											
读数增量平均值 $\Delta\varepsilon_{\overline{\Psi}i}$											
$\Delta\sigma_{\text{实}i}$（MPa）											
$\Delta\sigma_{\text{理}i}$（MPa）											
相对误差 δ(%)											

注:计算实验应力时,应先将表中的微应变 $\mu\varepsilon$ 换算成应变值,再代入公式计算。

计算公式: $\Delta\sigma_{\text{实}i} = E\Delta\varepsilon_{\overline{\Psi}i}$　（N/mm^2或 MPa）　　　$\Delta\sigma_{\text{理}i} = \dfrac{\Delta M \cdot y}{I_z} = \dfrac{\Delta F \cdot a \cdot y}{2I_z}$　（N/mm^2或 MPa）

五、实验曲线

在 $\sigma\text{-}y$ 坐标图中分别绘出梁的理论应力直线和实验应力点。

六、思考题

(1)电阻应变片为什么要粘贴在两个集中载荷之间？

(2)粘贴在矩形截面梁轴线上的电阻应变片有什么意义？

(3)采用逐级等量加载的目的是什么？

(4)根据接入工作应变片的不同,电阻应变仪共有几种组桥方式？试从各测量电桥的应用、测量精度和灵敏度方面,简述各有何特点。

(5)通过本次实验,有何收获和体会？

实验报告十三　薄壁圆管在弯扭组合变形下的主应力测定

一、实验目的

二、实验设备及仪器

三、实验原理及原理简图(简述)

四、数据记录与结果处理

原始数据及参数 表1

实验台顺序号	材料弹性模量 E（MPa）	泊松比 μ	扭转力臂 L（mm）	弯曲力臂 a（mm）	惯性矩 I_z（mm⁴）

圆管外径 D(mm)		圆管内径 d(mm)		

测试数据及结果(测点 *A*)　　　　　　　　　表 2

测点 *A*　　载荷(N)		−45°		0°		45°	
F	Δ*F*	读数	增量	读数	增量	读数	增量
100							
200							
300							
400							
500							
读数增量平均值 $\Delta\varepsilon_{\text{平}\alpha}$							
$\Delta\sigma_{\text{实}1}$(MPa)				$\Delta\sigma_{\text{实}3}$(MPa)		$\alpha_{\text{实}}$(°)	
$\Delta\sigma_{\text{理}1}$(MPa)				$\Delta\sigma_{\text{理}3}$(MPa)		$\alpha_{\text{理}}$(°)	
相对误差 δ(%)							

测试数据及结果(测点 *B*)　　　　　　　　　表 3

测点 *B*　　载荷(N)		−45°		0°		45°	
F	Δ*F*	读数	增量	读数	增量	读数	增量
100							
200							
300							
400							
500							
读数增量平均值 $\Delta\varepsilon_{\text{平}\alpha}$							
$\Delta\sigma_{\text{实}1}$(MPa)				$\Delta\sigma_{\text{实}3}$(MPa)		$\alpha_{\text{实}}$(°)	
$\Delta\sigma_{\text{理}1}$(MPa)				$\Delta\sigma_{\text{理}3}$(MPa)		$\alpha_{\text{理}}$(°)	
相对误差 δ(%)							

计算公式及结果处理:

五、思考题

(1)试分析产生误差的原因。

(2)绘制出测点的主应力单元体图。

实验报告十四 压杆稳定实验

一、实验目的

二、实验设备及仪器

三、实验设计方案及力学模型

四、数据记录与结果处理

实 验 数 据 整 理   表 1

支承方式	压杆长度 L（mm）	柔度 $\lambda = \mu L / i$	理论临界力 $F_{cr理}$（N）	实测临界力 $F_{cr实}$（N）	$\dfrac{F_{cr理} - F_{cr实}}{F_{cr理}} \times 100\%$

力学模型及测试数据　　　　　　　　　　　　　　　　表 2

支承方式 1				支承方式 2			
用力学模型画出：				用力学模型画出：			
第一次		第二次		第一次		第二次	
$\Delta(\text{mm})$	$F(\text{N})$	$\Delta(\text{mm})$	$F(\text{N})$	$\Delta(\text{mm})$	$F(\text{N})$	$\Delta(\text{mm})$	$F(\text{N})$

画出 F-Δ 曲线图：

五、思考题

(1)在整个加载过程中,压杆平衡状态的性质(状态的稳定性)有何变化? 如何解释平衡状态"跳跃"的机理? 为何在有的约束条件下又没有这种现象?

(2)仔细对比每次出现的峰值 F_{max} ,可见到该值是不稳定的,有时甚至差别很大,为什么? 它是否对应于理想压杆的 $F_{cr实}$?

(3)在你所选择的支承条件下,压杆长度 L 是多少? 应取何值才比较合理? 其原则是什么?

(4)将所测的实验临界力 $F_{cr实}$ 与理论临界力 $F_{cr理}$ 进行比较,试分析实验值和理论值产生误差的原因。

(5)对于同一根压杆,支承条件的不同,对其临界力的影响大吗? 为什么?

(6)压缩实验与压杆稳定实验的目的有何不同?

实验报告十五　等强度梁实验

一、实验目的

二、实验仪器和设备

三、实验原理及原理简图(简述)

四、实验结果与数据处理

等强度梁尺寸及相关参数　　　　　　　　　　　　　表1

截面位置	与集中作用力的距离 l （mm）	截面厚度 h （mm）	截面宽度 b （mm）	抗弯截面系数 W_z （mm³）
R_1 和 R_2 所在截面				
R_3 和 R_4 所在截面				

实验测试数据记录　　　　　　　　　表2

应变(με) 载荷(N)		R_1		R_2		R_3		R_4	
		读数	增量	读数	增量	读数	增量	读数	增量
$F_1 = 50$	ΔF								
$F_2 = 100$									
$F_3 = 150$									
$F_4 = 200$									
$F_5 = 250$									
读数应变增量平均值 $\Delta \varepsilon_{\Psi i}$									

误 差 计 算　　　　　　　　　表3

应力 测点	实验应力增量 （MPa）	理论应力增量 （MPa）	相对误差 （%）
R_1			
R_2			
R_3			
R_4			

计算公式及过程：

五、分析与思考

(1)用什么方法可提高测量等强度梁表面应变的灵敏度?

（2）深入思考等强度梁的设计理论和设计方法,并举出身边的一个等强度梁工程实例。

（3）如果将力的作用点左移或者右移,则两个应变片贴片截面的应力分布会如何变化? 有什么特点?

（4）上述实验讨论的是梁的厚度不变时的等强度问题,如果假设梁的宽度不变,厚度可变,那么厚度沿长度方向的尺寸分布有怎样的特点?